U0193083

科技史里看中国

春秋战国

手工业蓬勃发展

王小甫◈主编

人民东方出版传媒
People's Oriental Publishing & Media
東方出版社
The Oriental Press

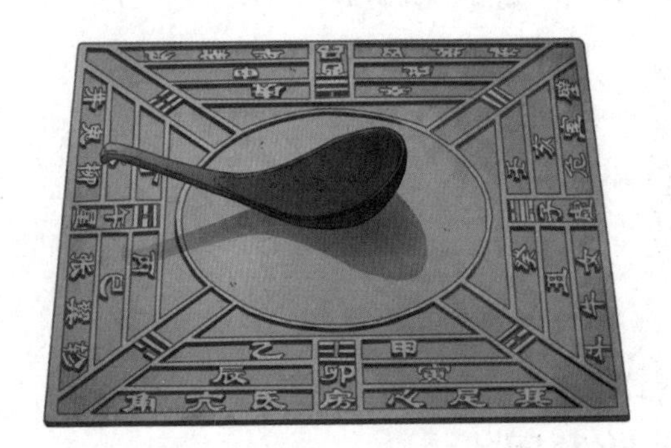

图书在版编目（CIP）数据

科技史里看中国．春秋战国：手工业蓬勃发展 / 王小甫主编．-- 北京：东方出版社，2024.3
ISBN 978-7-5207-3743-2

Ⅰ．①科… Ⅱ．①王… Ⅲ．①科学技术—技术史—中国—少儿读物②手工业史—中国—春秋战国时代—少儿读物 Ⅳ．① N092-49 ② TS-092

中国国家版本馆 CIP 数据核字 (2023) 第 214199 号

科技史里看中国 春秋战国：手工业蓬勃发展
（KEJISHI LI KAN ZHONGGUO CHUNQIU ZHANGUO: SHOUGONGYE PENGBO FAZHAN）
王小甫 主编

策划编辑： 鲁艳芳　　**责任编辑：** 刘之南
出　　版： 東方出版社
发　　行： 人民东方出版传媒有限公司
地　　址： 北京市东城区朝阳门内大街166号　　**邮　　编：** 100010
印　　刷： 华睿林（天津）印刷有限公司　　**版　　次：** 2024年3月第1版
印　　次： 2024年3月北京第1次印刷　　**开　　本：** 787毫米×1092毫米　1/16
印　　张： 5　　**字　　数：** 67千字
书　　号： ISBN 978-7-5207-3743-2　　**定　　价：** 300.00元（全10册）
发行电话： （010）85924663　85924644　85924641

娜娜

四年级小学生，喜欢历史，充满好奇心。

旺旺

一只会说话的田园犬。

古人的生活可不枯燥。他们铸造了精美实用的青铜“冰箱”，纺织了薄如蝉翼的轻纱；他们面朝黄土，创造了农用机械，提高了劳作效率；他们仰望星空，发明了天文观测仪器，记录了日食、彗星；他们建造了雕梁画栋的建筑，烧制了美轮美奂的瓷器……这些科技成就影响了古人的生活，推动了中华文明的历史的进程，甚至传播到世界各地，促进了人类文明的进步。

中华民族历史悠久，每个时期都有重要的科技发展。我们一起去参观这些灿烂文明留下的痕迹吧，以朝代为序，由我来讲解不同时期的科技发展历史，让我们一起从科技史里看中国！

机器人洋洋

博物馆机器人，数据库里储存了很多历史知识。

目录

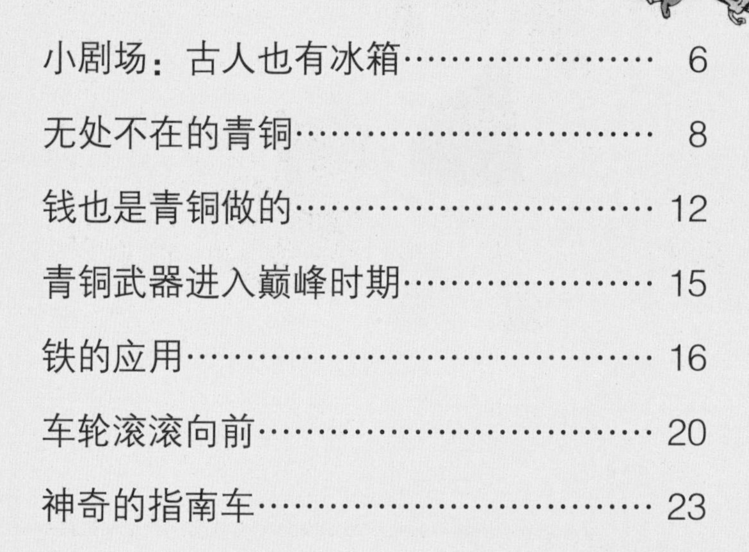

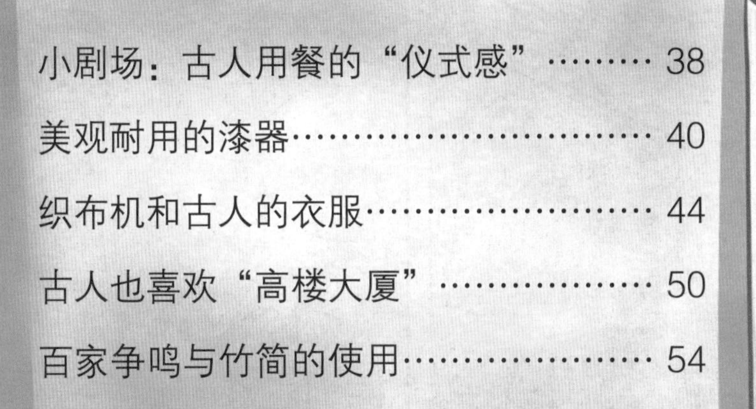

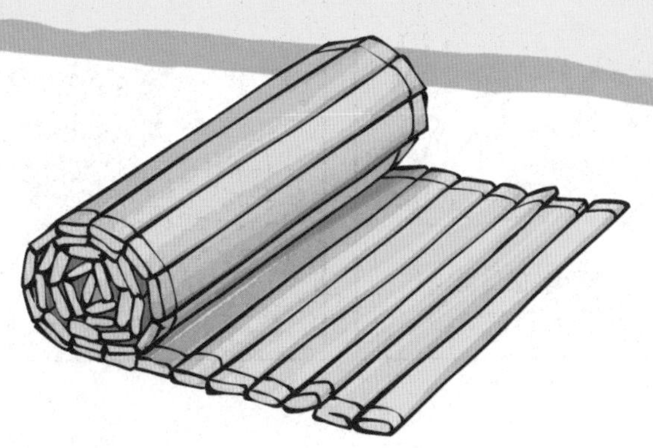

小剧场：古人也有冰箱

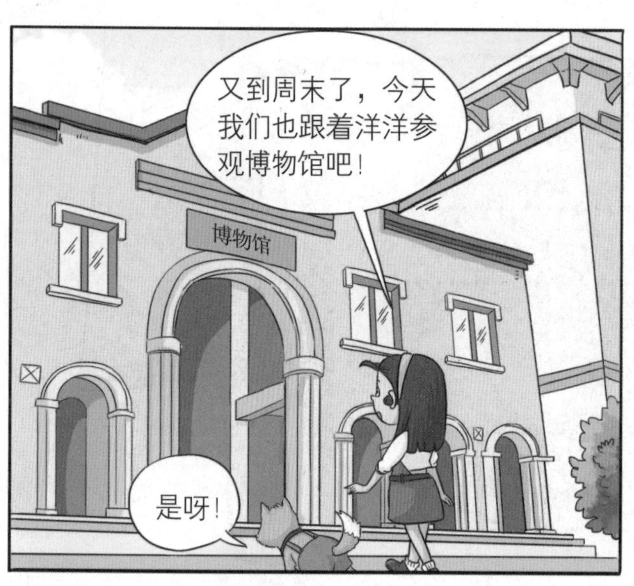
又到周末了，今天我们也跟着洋洋参观博物馆吧！
博物馆
是呀！

你在看什么？

这是洋洋发给我的资料，他说今天我们要看春秋战国的展览。如果不好好预习的话，等下可能回答不出他提的问题呢！

要是你学习也有这么努力就好了……
参观博物馆也是学习啊，而且更有趣呢。

久等了！我们快进去吧！
我已经迫不及待要参观了！

说起来，我们首先看什么啊?
我们看的第一个宝贝，就是它!

我知道！这是青铜器！你给我的资料上有!

但这个青铜器是做什么用的?
这是2000年前的冰箱啊!
冰箱?

它的名字叫冰鉴，装上冰可以用来给酒降温。
没想到2000多年前的人，也爱喝冷饮。

春秋战国时期还有很多惊人的青铜器呢!
春秋战国青铜展厅

无处不在的青铜

青铜是把锡或铅加入铜后得到的金属。在商周时期，我们的祖先已经掌握了冶炼青铜的技术，并且制造出了许多精美的青铜器皿。到了春秋战国时期，青铜器的制造技术得到了进一步的升级，青铜器的应用也涉及方方面面。

1978 年在河北出土的曾侯乙编钟，就是一套精美的青铜礼乐器。这一套编钟共 65 件，其中最大的钟高约 153 厘米，重约 254 千克。最小的钟高 20.2 厘米，重约 2.4 千克。古代乐师要演奏这套编钟的话，需要将其分成三层八组悬挂在木架上，用木槌或长木棒敲击。敲击钟的正面和侧面时，编钟会发出不同音高的乐音，这种“一钟双音”的效果是我国古代编钟的一大特色。

曾侯乙编钟

这套编钟是我国迄今发现数量最多、保存最好、音律最全、气势最宏伟的一套编钟，代表了先秦礼乐与青铜器铸造技术的最高成就。它的出土改写了世界音乐史，被中外专家称为“稀世珍宝”。

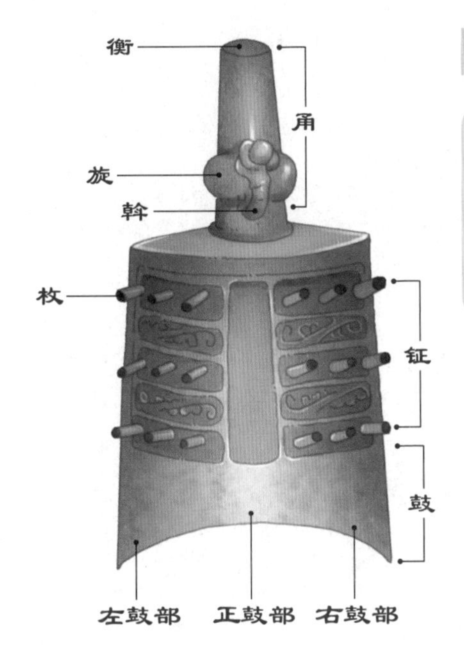

编钟的铸造工艺

曾侯乙编钟采用浑铸、分铸法铸成，同时采用铜焊、铸镶、错金等多种工艺，编钟表面还用圆雕、浮雕、阴刻等技法进行装饰，看起来精美绝伦。

编钟曾经的主人是战国早期曾国的国君，在他的墓穴中，专家们不止发现了这套精美的编钟，还发现了曾侯乙尊盘等一大批精美的青铜器物。

曾侯乙尊盘是一件礼器，在祭祀中使用，它由尊和盘两个部分组装而成，尊和盘上有大量精美的装饰，层层叠叠、玲珑剔透，让人叹为观止。这么精美的金属透雕是怎么造出来的呢？专家经过研究，认为这是用失蜡法铸造而成的。

失蜡法是当时世界上非常先进的铸造工艺，最适合用来铸造细密、复杂的镂空铸件。我国是使用失蜡法较早的国家之一，曾侯乙尊盘的发现，证实了早在战国时期，我国的失蜡法技术已经达到了较高的水准。

曾侯乙尊盘细节

尊盘由尊和盘两个部分组成。铜尊上装饰着 28 条蟠龙和 32 条蟠螭，铜盘上装饰着 56 条蟠龙和 48 条蟠螭——这些繁复的纹样属于熔模铸件。

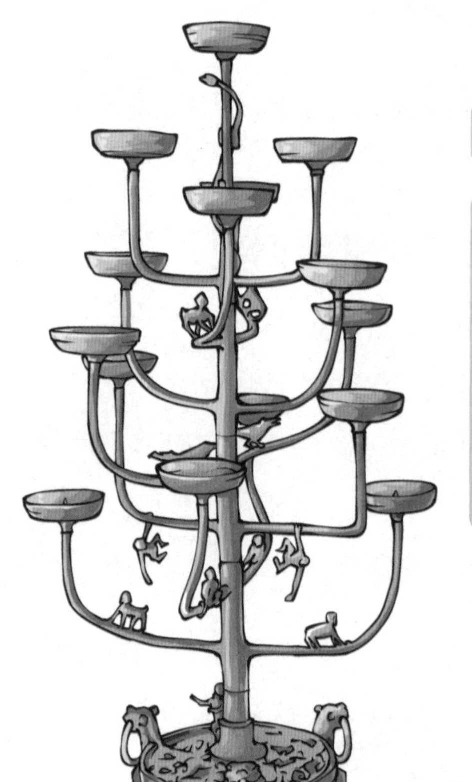

战国十五连盏铜灯

十五连盏铜灯出土于河北中山王墓，高 82.9 厘米，是目前出土的最高战国灯具。铜灯犹如一棵大树，主干矗立在镂空龙纹底座上，由三只口衔圆环的猛虎托起。总共有 15 个灯盘，由青铜做成的“树枝”固定在主灯柱上，这些“树枝”可以灵活拆卸，便于安装和携带。

错金银四龙四凤铜方案

方案的案座十分复杂，由四只卧鹿作为支撑，托起一层圆形支架，圆形支架里面又有四条龙面向四方，四条龙之间各有一只凤凰。四条龙的头顶以斗拱的形式撑起方形的案框，设计构思巧妙，技艺巧夺天工。

春秋战国时的青铜器不仅规模宏大、结构复杂，还开始使用了错金银工艺。错金银工艺分为镶嵌法和涂画法：镶嵌法是将所需要的图案、铭文在青铜器上錾(zàn)刻出凹槽,然后嵌入金银片，再通过锤打使其紧密贴合，最后再进行抛光；涂画法则是将金银涂画在器物表面。错金工艺大大增加了青铜器的装饰性。

错金银铜犀牛屏座

这件青铜器屏座出土于河北中山王墓，高 22.1 厘米，长 55.5 厘米。犀牛造型生动，金片、银片与青铜贴合紧密，形成精美的花纹，反映了战国时期工艺技术水平的高超和青铜器的时尚。

战国错金几何云纹带钩

带钩是古人用来固定衣服的服饰配件。在战国后期，带钩的式样和工艺越发讲究。目前全国发现过多件错金带钩，一般将钩扣做成兽头状，以错金工艺装饰，可见当时的时尚风潮。

战国铜错金银象形镇

这件错金银象形镇，是用来压住席子边角的生活器物。在春秋战国时期，中原还有很多野生大象，古人将其视为吉祥的野兽。这件器物表明错金银工艺在战国后期已经达到一定的技术高度。

钱也是青铜做的

春秋战国时，各诸侯国之间的商业交换十分频繁。当时北方的良马、大狗，南方的羽毛、象牙、兽皮、丹砂，东方的贝壳、鱼、盐，西方的皮革、旄（máo）牛制品，都会出现在中原的市场上。传统的以物易物已经不能满足人们的贸易需求，于是从春秋中期开始，青铜铸造的货币开始出现。最早的货币形状由农具演化而来，像一把铲子，被称作“布币”。不同诸侯国的布币形状和重量各有不同，上面一般刻有文字。

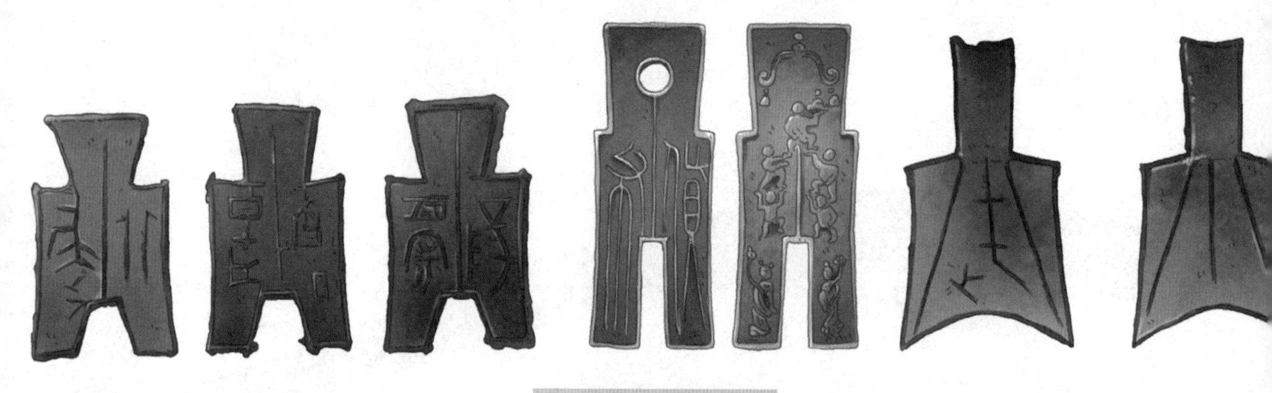

各诸侯国的布币

布币由农具“镈”（bó）演变而来，流通范围很广。

刀币由古代刀具“削”演变而来，出现得比布币晚一些，主要在齐国、燕国、赵国使用。刀币流通时间较短，后面逐渐被铜钱取代。

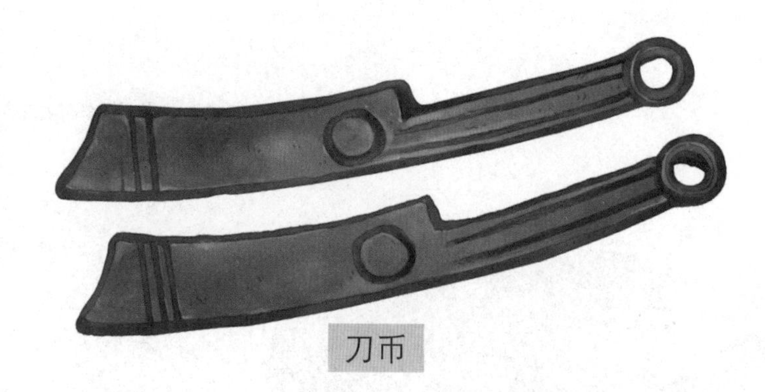

刀币

还有一种奇特的铜币叫作蚁鼻钱，它们形似贝壳，表面刻有文字，像趴在人脸上的蚂蚁一般。这种铜钱是由贝壳演变而来，是春秋战国时楚国的通用货币。这种钱可以视为远古贝壳货币和铜钱的过渡钱币。

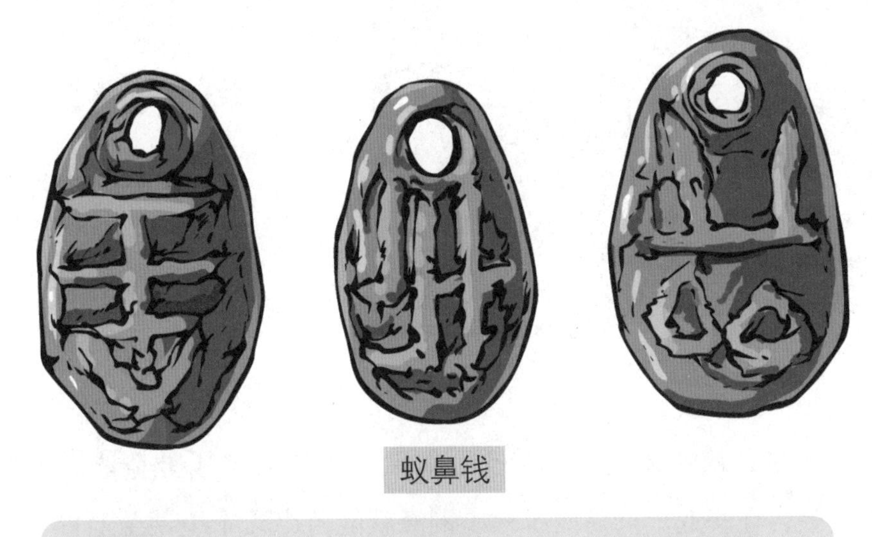

蚁鼻钱

蚁鼻钱由贝壳的形状演化而来，也被叫作“鬼脸钱”。

在战国晚期，魏国出现了一种圆形钱币，叫作圜（yuán）钱。钱币中间设有孔洞，可以用绳子穿过并悬挂起来。这种钱很容易大量保存和带着外出，所以在民间很受欢迎。秦朝建立以后，将圆形方孔的铜币定为了国家的法定货币，此后一直使用了 2000 多年。

圜钱

圜钱最早出现在魏国，后来秦国人也开始使用。为了节省铜料，铜币中间的孔洞越来越大，还出现了方形孔洞，暗合“天圆地方”的理念。圜钱的正面通常铸有铭文，反面则没有文字。

早期铸造铜币的方法是平板范浇铸法，这里的“范”就是模板。工匠们在泥模板上刻上钱型，留下浇道，阴干泥板后把正反面的模具合在一起，再用铜液浇筑就可以获得铜钱。这种铸钱法比较简单，但效率也很低。

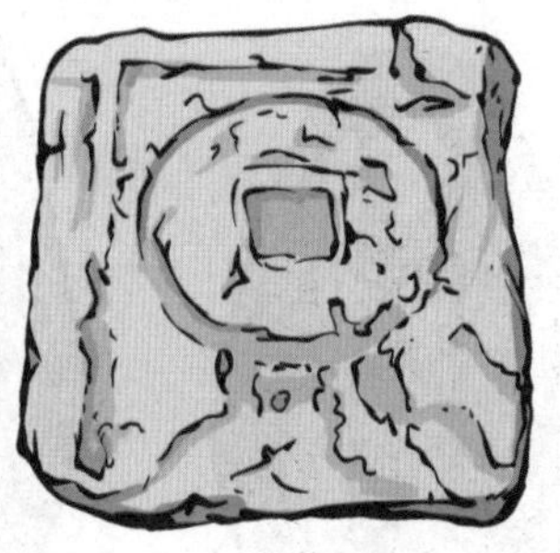

出土的铸钱陶范

陶范就是陶制模具。后来人们又发明了铜范，就是铜制模具。

为了大量、快速铸造青铜货币，聪明的古人发明了叠铸法。叠铸是把多套模具叠合在一起，只要浇筑一次铜液就能铸出几十个甚至上百个钱币。据记载，齐国流行的刀币就是用这种方法铸造的。在汉代，叠铸法不仅用于铸币，还被用来铸造车马器皿和装饰品。

工匠在进行叠铸操作

叠铸法将多层铸型叠合，组装成套，从共用的浇口杯和直浇道中灌注金属液，一次得到多个铸件。

青铜武器进入巅峰时期

春秋战国是一个战争频繁的时代，各诸侯国为了争夺权力，不断发动兼并战争。所以在全国多地出土的春秋战国文物中，剑、矛、戈、斧等武器占了很大的比例。

目前出土的春秋战国武器中最著名的一件就是“越王勾践剑”——没错，就是成语“卧薪尝胆”的主角越王勾践使用的武器。这把剑于1965年在湖北江陵出土，剑上刻有铭文“越王鸠浅（勾践）自乍（作）用剑”八字，表明了剑主人的身份。

春秋战国时期，人们用青铜铸造了盔甲、戈、矛、剑、戟等武器，其中，越王勾践剑、吴王夫差矛，都是青铜武器的巅峰之作，可见当时青铜冶炼技术之兴盛。

越王勾践剑

这把剑的剑刃上布满黑色菱形暗花纹，正反面饰有蓝色琉璃和绿松石。铸剑的材料由铜、锡、铁、硫等元素合成。经过两千多年，宝剑出土后依然寒气逼人、锋利无比。据说考古专家曾试过使用这把剑，他们手持古剑轻轻一划，就划破了二十余层纸。

铁的应用

到了战国，冶铁技术愈发成熟，社会上开始出现大量铁制农具。考古学家曾在河北寿王坟战国遗址中找到了 87 件铸铁模具，说明战国时铁制农具已经十分普及了。

陨石坠落

人类最早接触的铁是“天外来客”——陨铁。在河北和北京曾经出土过商代铁刃铜钺，经鉴定，它们的刃部是用陨铁锻成的。可见，当时的人们发现了陨铁比青铜有更高的强度和硬度，把陨铁锻制加工成武器的铁刃，增强武器的杀伤力。

陨铁

陨铁又称铁陨石，是早期制造铁器的原材料。周代以前，由于冶炼技术有限，人们还无法从自然界的铁矿中炼出铁，这种情况直到西周晚期才开始改变。

西周晚期至春秋时，人工冶铁技术开始出现，有了块炼法和生铁冶炼技术。块炼法是将铁矿石和木炭一层夹一层地放在炼炉中，点火焙烧，当温度升至650℃至1000℃时，铁矿中的氧化铁会还原成铁；生铁冶炼的难度更高一些，是把铁矿石用1200℃的高温熔化，待固态铁熔化成铁水，就可以直接浇铸成器了。战国早期还出现了铸铁柔化术，通过析出铁中的石墨等杂质，炼出更坚硬、更有韧性的铁。我国人民创造的铸铁柔化术远早于欧洲，是世界冶铁史上的一大成就。

战国冶铁工匠

生铁韧性差、质地坚硬、容易折断。后来随着长期的工艺实践，工匠们发明了铸铁柔化术，把生铁长时间加热、保温，再使它缓慢冷却，析出生铁中的杂质，从而增加了铸铁的韧性。

铁应用得最多的领域是武器制造和农具制造。

炼铁比炼制青铜更难，但炼出的金属也更先进——铁制的武器不仅锋利，还不易折断，是当时非常先进的金属原材料。于是除了青铜武器之外，铸铁武器和盔甲等渐渐多起来。同时期出土文物里，除了青铜武器，还有铸铁武器。

金柄铁剑

这把剑出土于陕西省宝鸡市的春秋晚期秦墓。剑柄明黄色的部分是金，薄荷绿的地方是绿松石；剑身是铁。这把剑的铸造工艺非常精湛，尤其是用铁铸造的剑身，证明了当时的秦国已经掌握了先进的冶铁技术。

战国錽(wàn)银铁车饰

车饰出土于甘肃张家川马家塬战国墓地。墓室中的车厢和侧板装饰着用金、银、铜箔制成的各种动物造型的饰片，这些饰片的美术风格有明显的北方草原文化特征。左图这块车饰主体由铁打造，银箔被刻成了虎头形状敲打上去，和主体的铁紧密结合在一起，这种工艺叫作錽银。

战国时期，铁制的农具十分普及。铁制农具较青铜农具更加易得、耐用，提高了农业生产的效率。在湖南、河南、江苏等地的春秋墓葬中，发掘出一批铁制农具。此外，至迟在春秋末年，人们已使用牛来耕地。铁制农具和牛耕的使用，是春秋时期农业生产力水平提高的重要标志。

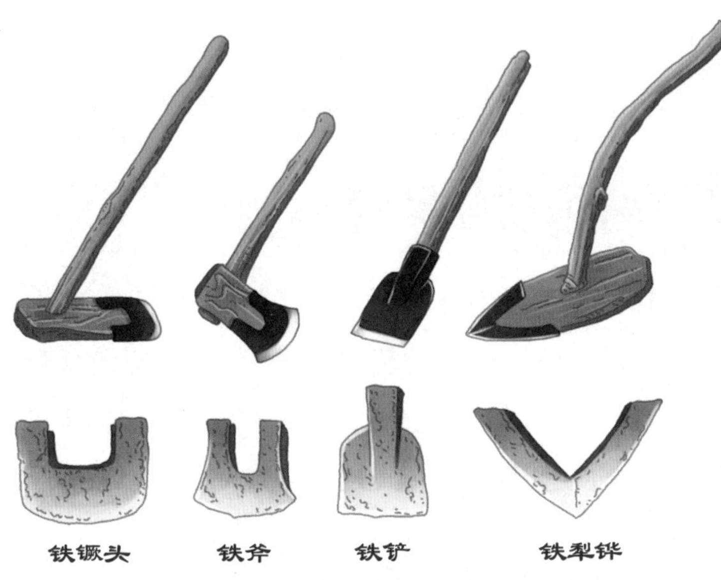

战国时期的铁质农具

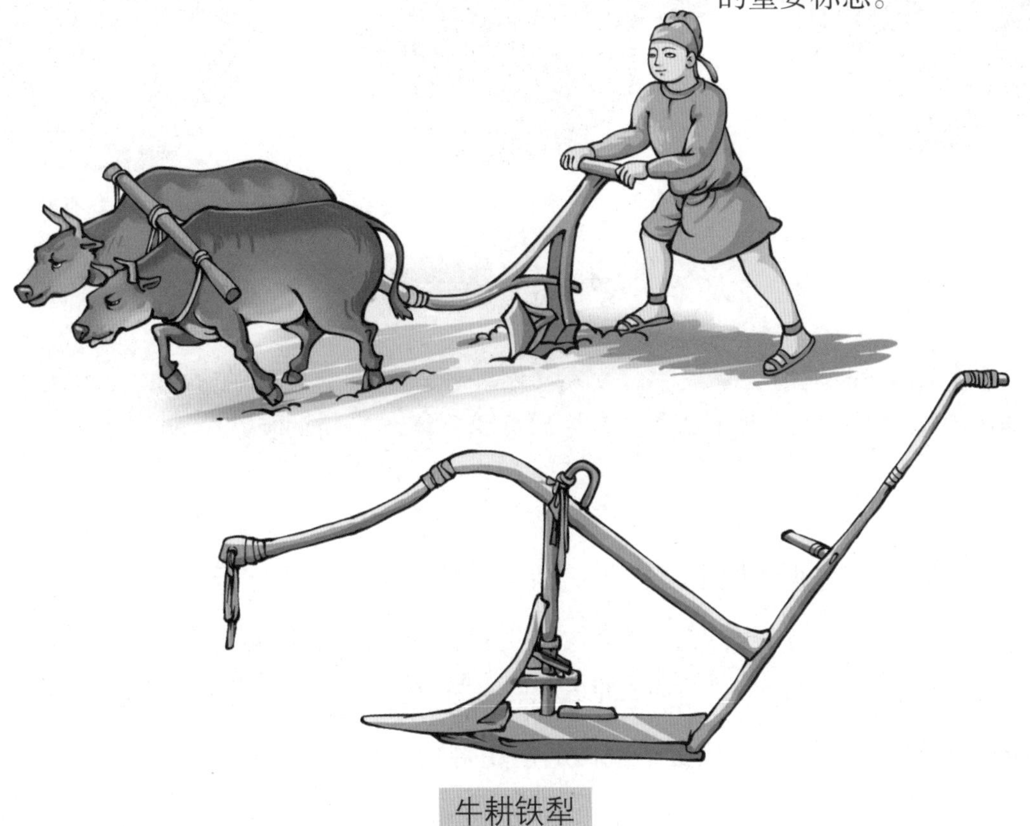

牛耕铁犁

战国后期，牛耕木犁改成了铁犁，使农业耕种效率大大提高。

车轮滚滚向前

在新石器时代，我们的祖先就开始制作木轮子了。最初的木轮是直接把树木横切来使用，但这种木轮容易碎裂，于是人们对圆饼状木轮的轴承部分进行了加固。商朝时期，造车技术开始有了新突破，工匠学会了制作辐条车轮。这种新式轮子使用起来更为轻便，提高了车辆的运输效率。

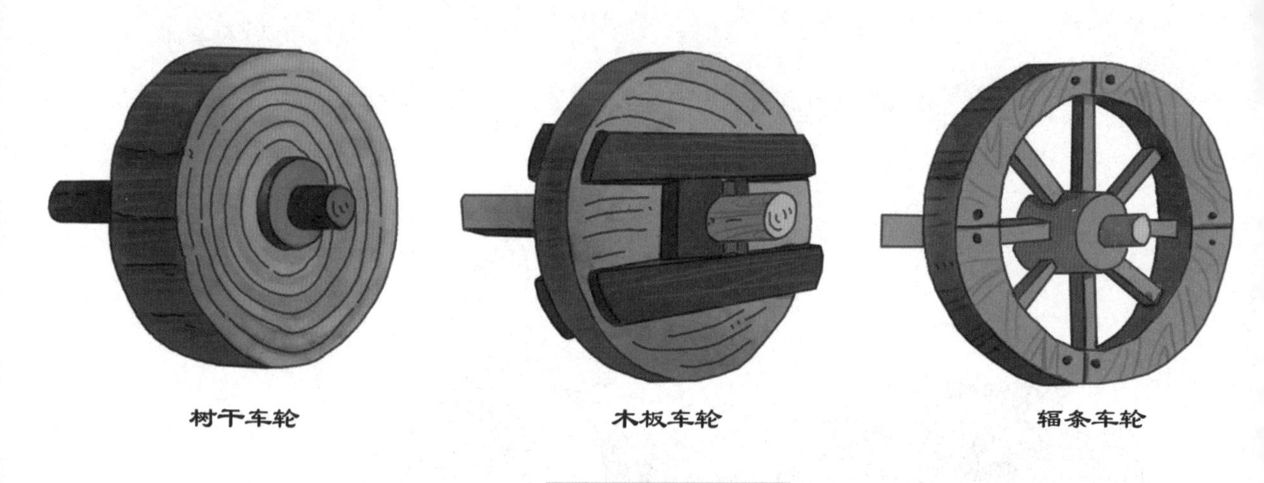

不断改进的车轮

人们在长期运输实践中，发现了将轮子改造得更轻便的方法，把木板轮子改成辐条状，还可以减少车轮的磨损，增加车轮的使用寿命。

西周时期商业开始发展，人们为了交换物品，常常需要在各方诸侯的领地之间往返。这一时期，物流运输主要使用的工具仍是木车和船。但西周日益成熟的青铜技术，已经催生出了青铜车轴配件。人们还会利用动物油脂对轴承进行润滑，延长了配件的使用寿命。

青铜车轴

西周时期已经出现了用青铜加固的车轴。经过青铜加固的车轴，抗磨损性能果然大大地提升，车辆可以使用很长时间。

同时，牛、马这类已经被驯化的强壮动物也派上了用场。牛的耐重力强，适合用来拉车运货物，很受当时物流业者喜爱。马的速度快，用来拉载人的马车效率较高。

载人的马车

马车上一般会使用2—4匹马，马的数量越多，车跑得越快，也代表主人的地位越高。4匹马拉动的车俗称“驷马安车”，只有贵族才能乘坐。

春秋战国时期，各方诸侯经常会与邻国起争执冲突，甚至打仗。由于马车速度快，人们开始将平日载人的马车改装成了军队使用的战马车。将士们站在战车中战斗，大大加强了军队的作战能力。

春秋战国时的战车

战车行进速度快，且较稳定，士兵可以站在战车上一边冲锋一边射箭。将军、贵族乘坐的战车一般还会加上华盖。

战国骑兵

春秋战国时期曾经主宰战场的战马车，因为车辆成本高，作战反应不如骑兵来得快，所以最终只好黯然退场。战国时的赵国改进了骑兵的服装，采用了窄袖、短衣和长裤军装，大大提升了骑兵战力。

神奇的指南车

指南车是一种能够指示方向的车辆，最早是出于军事目的制造，后来演化成了帝王出行时的仪仗车。据推测，指南车在春秋战国时已经出现。战国时的军事著作《孙膑兵法》中就有“辨疑以旗舆”的记载，其中的“旗舆”是指带有旗的车，是指南车的一种。

指南车指路的原理和司南完全不一样，它是利用机械定轴指示方向的。根据记载，指南车上立有一个木人伸臂指向南方，不管车辆如何转弯、前进、后退，由于齿轮的作用，木人的手臂始终不会改变指向。

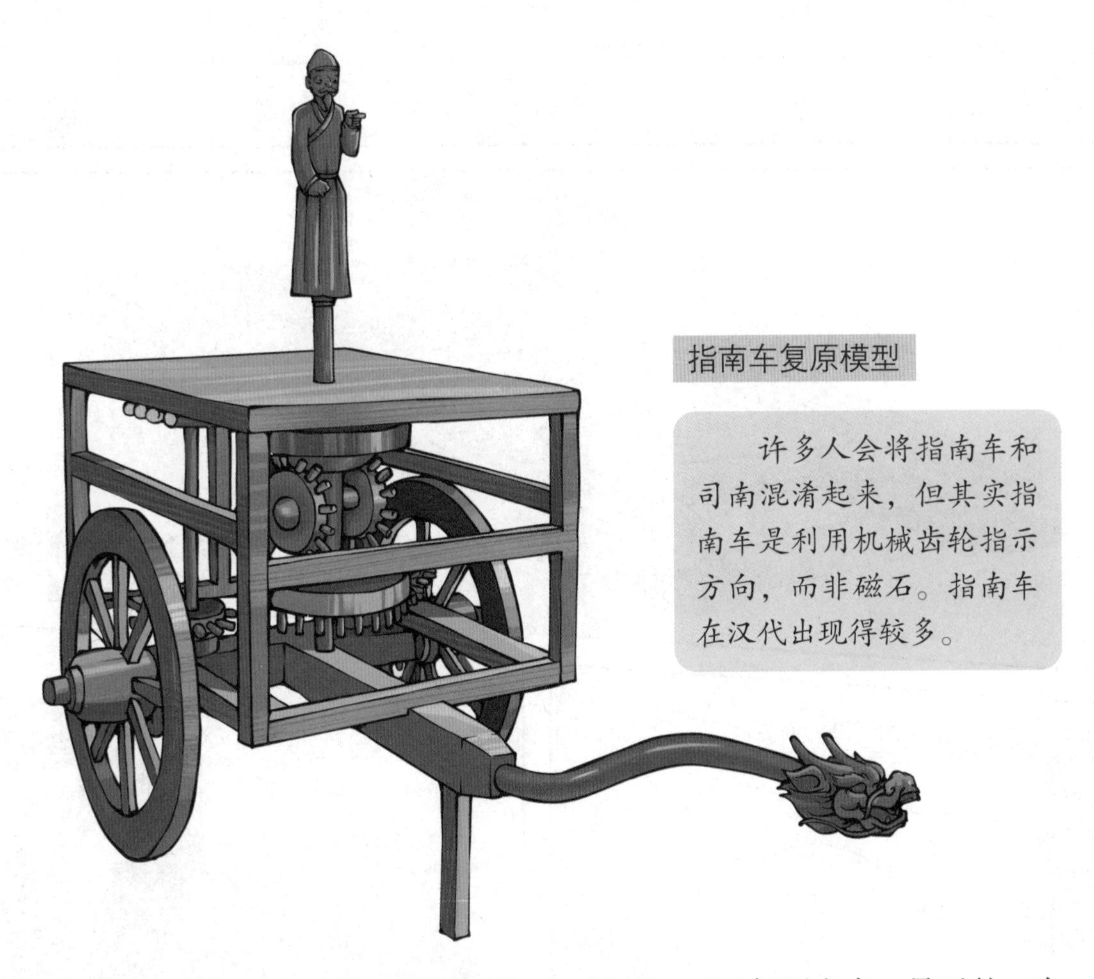

指南车复原模型

许多人会将指南车和司南混淆起来，但其实指南车是利用机械齿轮指示方向，而非磁石。指南车在汉代出现得较多。

指南车在历史上曾经数次失传，又被能工巧匠复原出来。最近的一次复原是1937年由王振铎完成的。从指南车的例子我们就能看出，春秋战国时，我国的自动机械设计、制造技术已经达到了一个很高的水平。

小剧场：古人竟然把楼房建在船上

洋洋说这种船周代就出现了……
楼船模型
你在干什么啊?
双体船也太小了，这种船看起来才酷!

在 2500 年前，这种楼船就是水军里的舰艇!

不过，那时候的舰艇可不止这一种哦!

全副武装的战船

春秋时期，各诸侯国之间的争霸兼并战争，从辽阔的陆地扩大到浩瀚的江河湖海，水战的主战装备——战船迅速发展了起来。当时临江傍海的楚、吴、越、齐四国，都建立有庞大水军，水军中最威猛的战舰就是楼船。

楼船非常高大，好像把楼宇建到了船上。但也因船只过高，常致重心不稳，所以只适合在内河和沿海使用，不适合远航。

古代楼船复原图

春秋时期，楼船已经出现。楼船上空间很大，甲板上能够行车走马。甲板上的建筑分为多层，每层都围着女墙，墙上开有箭孔、矛穴，既可远攻，也能近防，还可以眺望指挥。

《庄子·逍遥游》中记载，春秋晚期的吴越之战常是水战。另据《越绝书》记载，吴国使用的战船有大翼、中翼、小翼、突冒、楼船、桥船等，其中大翼战船最具代表性，有的大翼战船长度已超过 27 米，能装 90 多人。

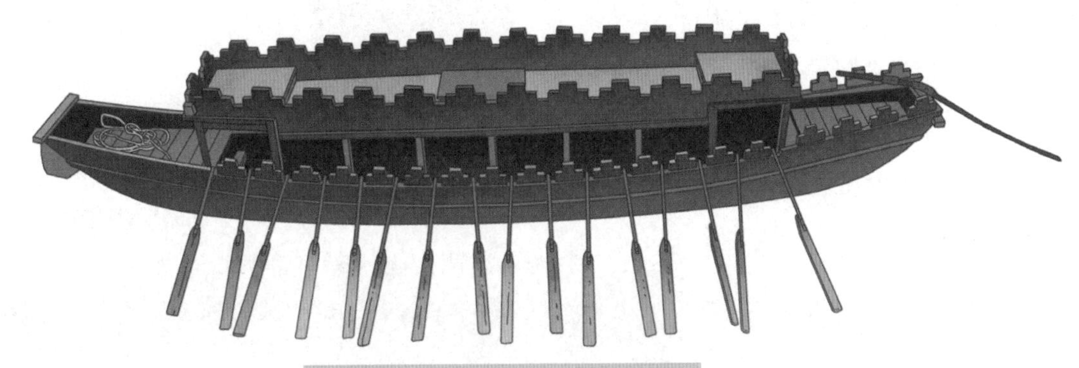

春秋吴国大翼战船复原模型

大翼船型瘦长，配备的桨手多，行驶速度快，是一种快速战船。

春秋时期的戈船

戈船是战船的一种，船上配备有专门的操戈部队及大量武器。

多种战船的使用，自然离不开先进的转向系统——船尾舵。在春秋末年，已经有使用船尾舵的记录。船尾舵是设在船尾正中，用以改变或保持船舶航向的设备，由舵柄、舵杆和舵叶三部分组成。船尾舵还是一个半自动装置，可以升降——士兵可以在浅水区把舵升起避免其受损，在不需要改变航向时也可以升起舵减少阻力。

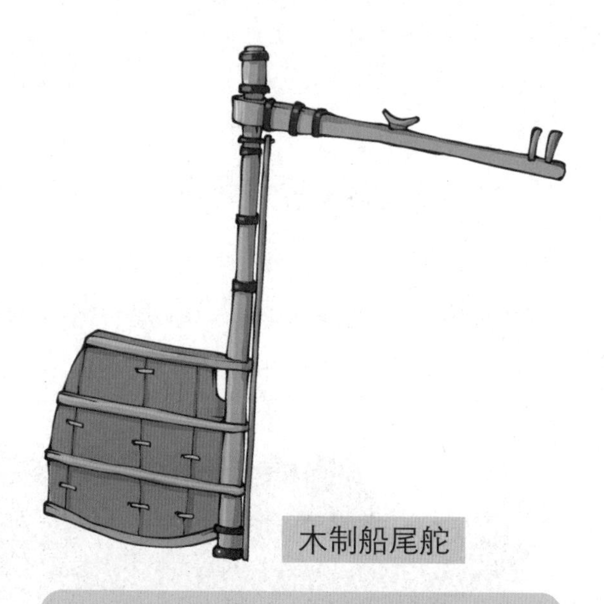
木制船尾舵

我国古人最晚在春秋战国时已发明船尾舵，这种舵直到今天仍是船舶航向的主要操纵装置。

司南

战船在茫茫大海上找准方向可不是一件易事。还好这个时期，指南针的前身——司南已经出现了。近代考古学家猜测，司南是将天然磁铁矿石琢成一个勺形的东西，放在一个光滑的盘上，盘上刻着方位，利用磁铁与地球磁场的相互作用指示方向。

古老的人工运河

春秋时期，位于南方的吴国一度强大，在打败楚国、越国之后，吴王想继续北上与齐国、晋国抗衡，于是开始挖掘人工运河邗（hán）沟，想将自己的水军运送到北方。这条人造运河从扬州附近的邗城出发，连通了沿途的天然湖泊，最后进入了江苏一带的淮河。

修建运河场景想象图

邗沟修建结束的当年冬天，吴王夫差就下令攻打齐国，并在后来的艾陵之战中大获全胜。不过在连年的征战中，吴国国内已经产生了民怨，这时又遇上“卧薪尝胆”后的越王勾践带领越军进攻，最终在内忧外患之下，吴国被越国消灭了。

吴王夫差像

吴王夫差一生除了在军事上有所成就以外，最大的功绩就是修建了邗城和邗沟。

邗沟虽然是出于军事目的修建的，但它修成之后却发挥了连通物流、促进经济的作用。这条运河也在后来成了京杭大运河的雏形。

在同一时期的其他诸侯国中，也兴建过一些用于农业灌溉的水利工程。其中比较有名的是魏国人西门豹修建的 12 条西门豹渠。

西门豹初到邺城（今河北临漳县一带）担任县令时，看到这里人烟稀少，田地荒芜萧条，百业待兴，于是立志改善现状。他惩治了当地的恶霸势力，又亲自率人勘测水源，发动百姓在漳河周围挖掘了 12 条用于灌溉的水渠，使大片田地成为旱涝保收的良田。通过兴修水利，邺城很快成了战国时期魏国的东北重镇。

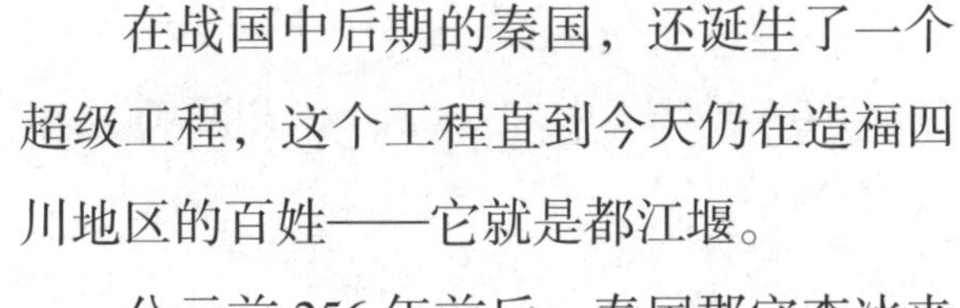

超级工程都江堰

在战国中后期的秦国，还诞生了一个超级工程，这个工程直到今天仍在造福四川地区的百姓——它就是都江堰。

公元前 256 年前后，秦国郡守李冰来到成都执政，当时的成都平原的农业发展已经具备一定规模，但岷江水流不稳定却成了成都农业发展的隐患——岷江水大的时候，暴涨的洪水会绕过玉垒山冲进成都；岷江水小的时候，成都一带的农田又没法获得灌溉水源。怎么办呢？

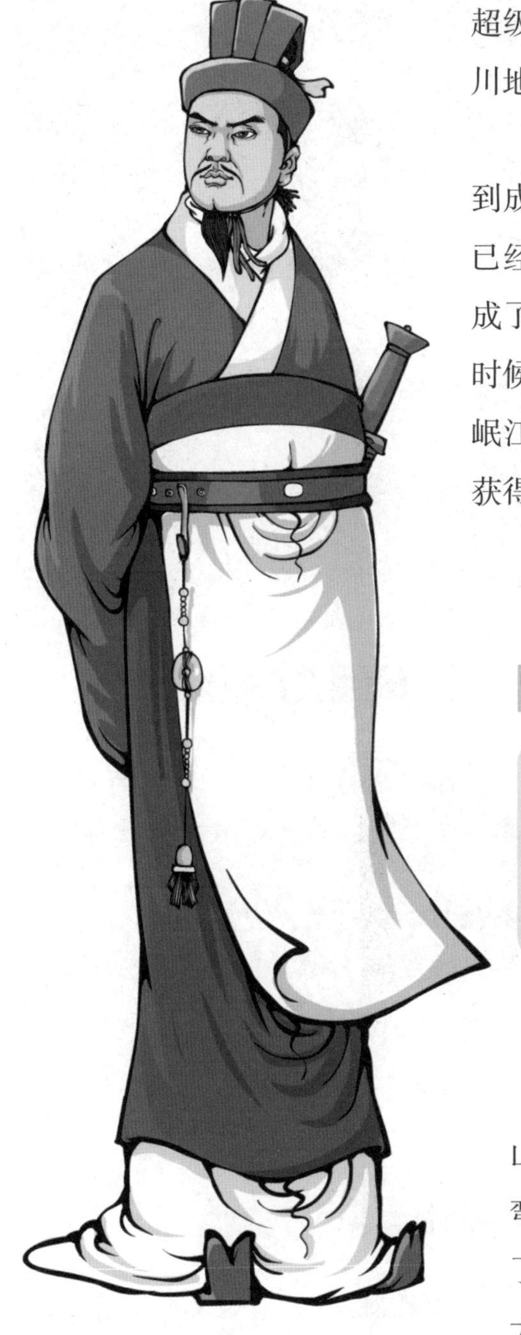

李冰像

为将蜀地建设成秦国可靠的战略基地，为老百姓彻底消除岷江的洪涝威胁，李冰决定兴修都江堰大型枢纽工程。

李冰注重实地考察，他根据当地高山峡谷、河面开阔，以及左岸一带山势弯环的地形特点和资源条件，精心制定了工程方案。都江堰由渠首和灌溉网两大系统工程组成，渠首工程包括鱼嘴、宝瓶口、飞沙堰三部分，全部修好后，不仅可以长久地解决岷江的洪涝问题，还能引水灌溉农田。

都江堰大型水利工程

都江堰建成之初，灌溉面积达五六十万亩。后来逐渐伸展到13个县，支流和渠道有500多条，灌溉面积300多万亩，是战国时期名副其实的超级工程。直到2000多年后的今天，它仍在发挥作用。

李冰石像

石像雕于公元168年，高290厘米，形貌雍容大度。蜀地人民祭奠石像以感念李冰的治水功劳。

鱼嘴是岷江中的人工岛，它的位置选取非常巧妙，刚好是岷江拐弯的地方。鱼嘴将岷江分成了宽又浅的外江，以及窄又深的内江，其中内江的水会被引入人工运河中，做灌溉之用。

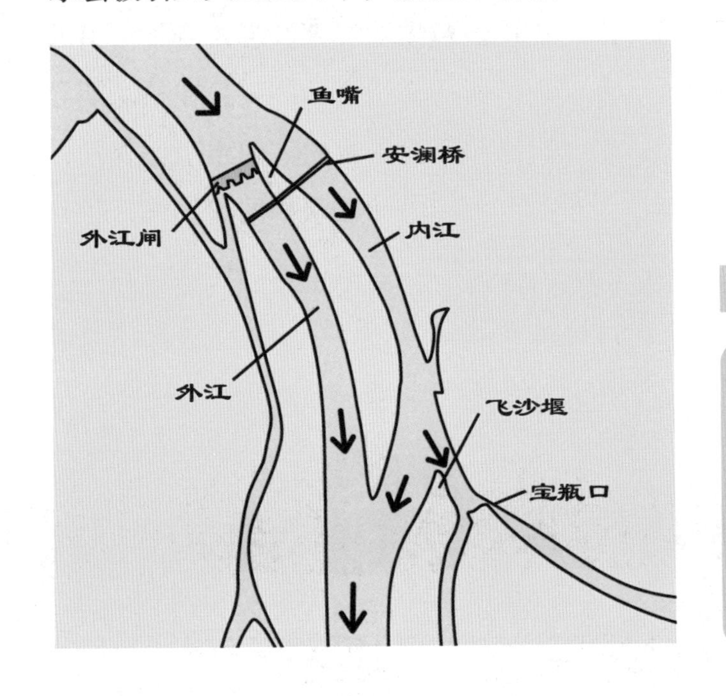

鱼嘴

鱼嘴是一道人工堤，能够利用岷江转弯时水流自身的物理特性，让河中泥沙自然地分开。泥沙较少的内江会流向宝瓶口。

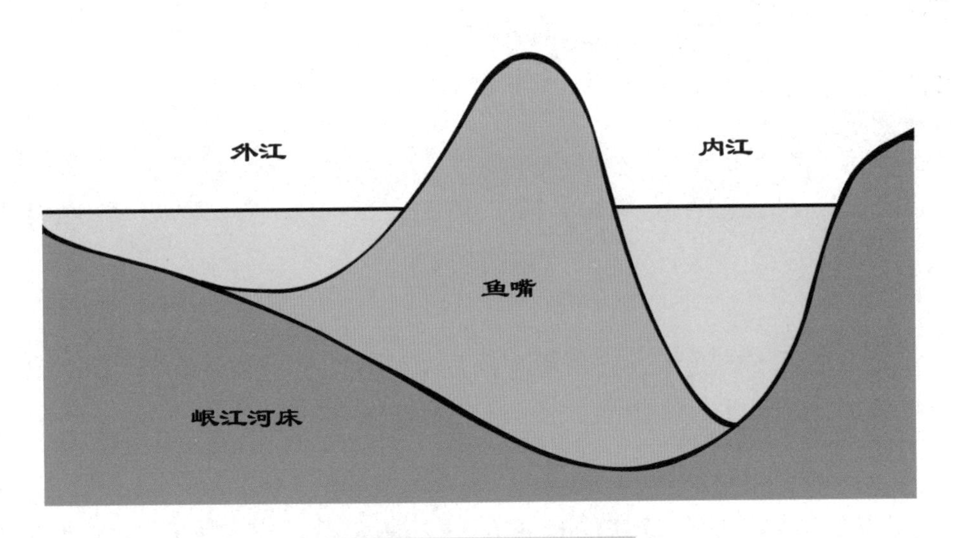

内江和外江河道形态

鱼嘴分离河道的位置经过了精心计算，保证了外江宽而浅、内江窄而深。这样，岷江水流大的时候，水会被储存在外江河道中，不会冲向平原；而岷江水小的时候，水会储存在内江中，足够灌溉之用。

飞沙堰是一片低矮的滤沙堤岸，连接着鱼嘴的尾部。它改变了河道的深浅形状，减缓了河水的流速。飞沙堰的作用有三个：第一，在枯水期导水入堰，即引水进入人工运河；第二是丰水期时，将内江的水引回外江，减少洪水对宝瓶口的冲击；第三是排沙，利用河沙在水中的流动性，让其自然滤出。

飞沙堰

飞沙堰是泄洪堤坝，它的高度和位置设计十分巧妙，能够利用水流和沙的物理特性让其自然分离。

宝瓶口是都江堰的第三个组成部分，是人工凿成的河口，水流从这里被引入灌溉系统。宝瓶口还能将岷江洪峰削弱，从而减小岷江沿岸的洪水压力。

开凿宝瓶口

宝瓶口是在玉垒山上挖出的人工运河。据说玉垒山的花岗岩非常坚硬，于是工人们采用了火烧岩使其爆裂的办法，利用热胀冷缩的原理才挖开了玉垒山。

都江堰工程完工的时候，李冰还找工匠制作了石犀牛，埋在内江中，作为工程维护时挖泥沙的深度标准。他为后人定下了“深淘滩，低作堰”的维护计划——“深淘滩”是说清理淤积在江底的泥沙时要挖到一定深度，以免内江水量过小，不够灌溉用；“低作堰”是说飞沙堰堰顶不可修筑太高，以免洪水季节泄洪不畅，危害成都平原。后人把这六字诀刻在内江东岸的二王庙的石壁上，很是醒目。

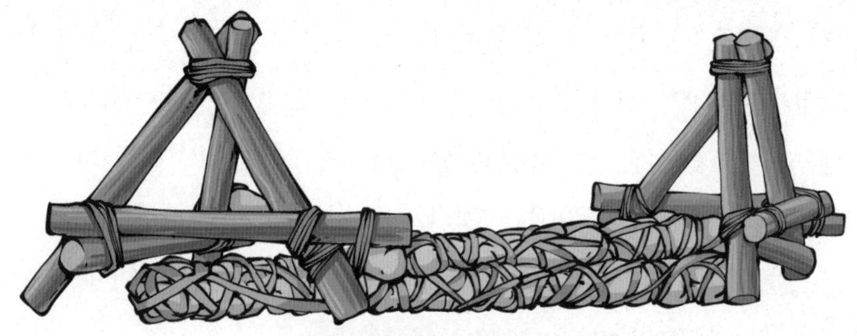

挡水的杩槎(mà chá)

杩槎是用来挡水的三脚木架，又称闭水三脚、木马。用杆件扎制成支架，内压重物。这种河工构件在四川地区使用较多。

都江堰修建场景图

都江堰的修成，堪称世界水利史上的奇迹。它不仅解决了岷江泛滥成灾的问题，还起到了灌溉、水运等作用。从此，成都平原成为“沃野千里”的富庶之地，获得“天府之国”的美称。

卧铁

据说李冰曾在内河埋下石马以标记淘滩位置，后来标记变成了铁柱，即卧铁。现在都江堰的4根卧铁分别是明万历四年、清同治三年、1927年和1944年埋下的。

小剧场：古人用餐的“仪式感”

是的。这里陈列的都是春秋战国时的餐具呢！
你们现在看的是一种高脚盘，叫作“豆”哦。
古人吃饭的餐具怎么这么复杂？为什么我只有一种？
对古人来说，吃饭是一种重要的仪式！他们的餐具也很讲究，除了青铜器，最常见的就是漆器了。

美观耐用的漆器

漆是一种特殊的树汁，在凝固之后能够起到装饰美观、保护器物的作用。我国的先民在新石器时代便意识到了漆的作用，并开始加以利用了。在夏代，人们将黑、红两色的漆涂在木制器皿上，再用这些器皿举行祭祀活动。商代时，已发展出了在漆上进行雕刻的工艺。春秋战国的漆器产业十分发达，这时已有政府经营的培植漆树的园圃，有专门官吏管理的漆器工场和作坊。庄子就曾做过看守漆园的小官。

自古以来，中国人就喜欢用红黑两色装饰漆器，在器内涂朱红漆，器外染黑漆，红黑对比，呈现出强烈的色彩对比，衬托出漆器的典雅和富丽，具有稳健端庄之美。

春秋晚期漆木豆

木豆是一种盛食器，这只漆木豆出土于河南侯古堆一号墓，高19.4厘米，胎体由一块整木刻成，黑红漆色极具代表性。

春秋晚期漆木俎

俎是切肉的案板。这只漆木俎出土于河南侯古堆一号墓，长25.7厘米，高15厘米。俎面和两侧均涂黑漆，并用红漆绘制了斜三角纹和云纹，色彩鲜明，纹饰生动，艺术价值很高。

春秋晚期漆木有柄鼓

这只鼓出土于河南侯古堆一号墓，是一件艺术价值很高的漆器。木柄与鼓的组合结构严密，非常牢固。鼓面髹（xiū）漆并有彩绘，图案包括龙纹、方格、云纹等。

春秋时期制作漆器的领域已经从黄河流域中游地区，扩大到黄河流域下游和长江流域，艺术风格更加多姿多彩，尤其以楚国漆器的发展最为突出。1978 年曾侯乙墓出土了大批精美的楚文化漆器；1986 年包山楚墓又出土了具有代表性的彩绘凤鸟双连漆杯、彩绘漆棺等。

战国楚左尹彩绘漆棺壁板

漆棺出土于湖北省荆门市包山二号墓，是我国保存最好的龙凤彩棺。棺主人是楚国左尹，是当时楚国的贵族。棺盖和四方镶有铜环，棺的外表面上髹有黑漆，每个面上有彩绘的四龙四凤。

战国描漆虎座双鸟鼓

乐器出土于湖北荆门望山楚墓。座长 87.8 厘米、通高 104.2 厘米。鼓的底座为两只卧虎，虎背上各立一鸟。鼓悬于双鸟之间，十分巧妙。双鸟及虎座饰有红、黑、金三色漆画，色彩绚烂，纹饰绘画精致曼妙。

战国漆器品种多样，但是大都是以日常生活用具为主，还兼有陈设用具、车马饰件、乐器、兵器和随葬用的冥器等。漆画的题材内容也十分广泛，几何纹饰、动物纹饰、人物纹饰、神怪纹饰等，包罗万象。虽然此时的漆器仍然以木胎为主，但是胎体逐渐减薄，甚至还出现了竹胎、藤胎等。彩绘、描金等多种工艺运用娴熟，使得漆器外观更加美观大方。

战国晚期，还出现了扣器的新工艺，这是把一种金属箍安装在漆器口沿和底部，起加固和装饰作用的技术。

战国彩绘龙凤纹盖豆

这件盛食器出土于湖北随县曾侯乙墓，以厚木为胎，由盖、盘、耳、柄、座5部分组成，盖顶及双耳浮雕有繁复的蟠龙纹。

战国早期曾侯乙墓漆棺

曾侯乙墓的主棺分内外两层，内棺置于外棺中。内外棺均髹漆，外表面以朱漆为底，上绘有黑、黄两色的繁复图案，是战国早期少见的大面积彩绘漆画。

织布机和古人的衣服

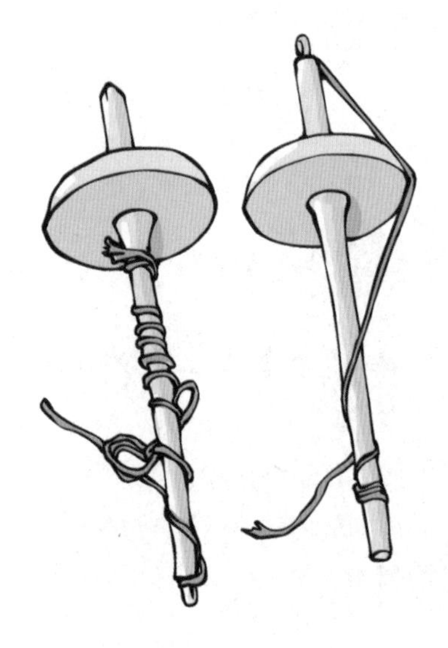

纺坠

中国是最早养蚕缫丝和发明丝织品的国家。考古证据表明，早在新石器时代，我们的祖先就开始使用绢和丝制品了。要把麻、丝、毛、棉等纤维原料加工成纺织品，首先要将其纺成纱线。石器时代的人一般采用搓捻接续法，即完全用手工将纤维搓捻并接续起来。后来，人们发明了纺坠，通过转动纺坠可以更高效地捻合纤维。到了春秋战国时期，手摇单锭纺车开始出现——这是我国古代纺织机械史上的重要发明。

纺坠最早出现在旧石器时代晚期，是一种原始的纺织工具，由纺轮和捻杆组成。通过纺轮转动，将受到拉伸的纤维捻成麻花状，完成捻合和续接。

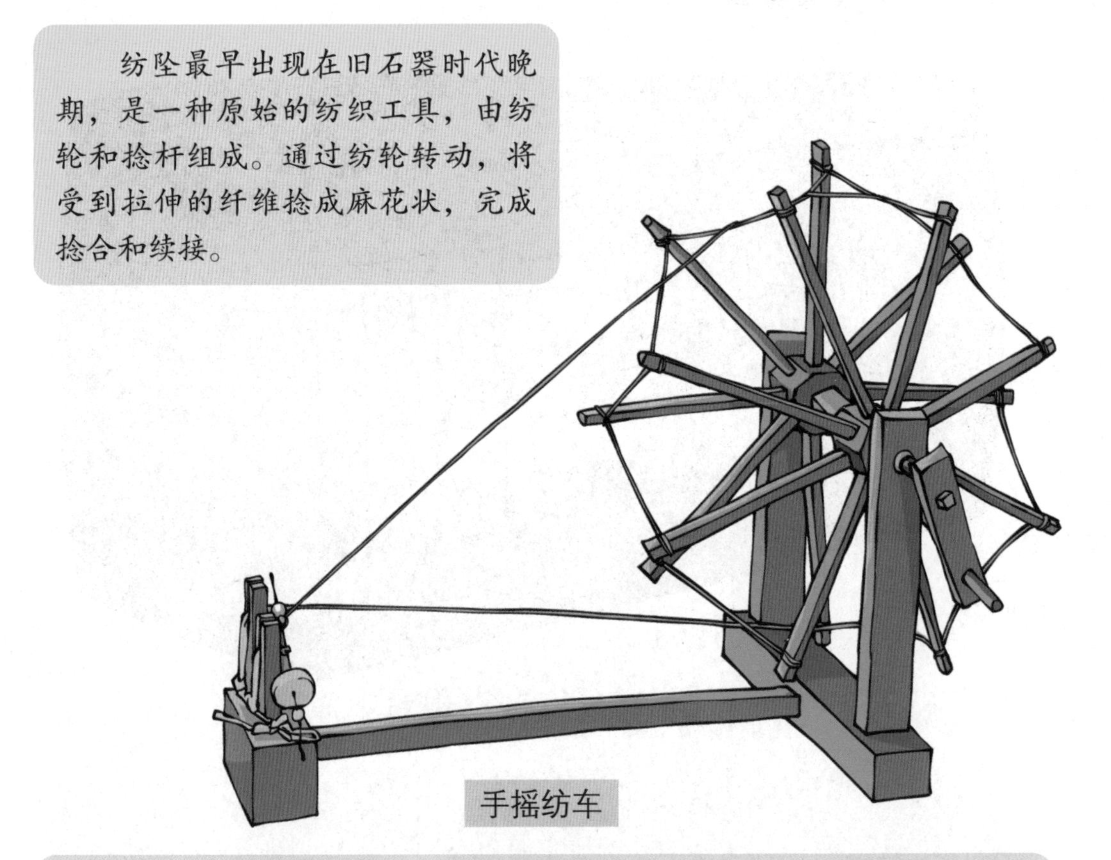

手摇纺车

据推测，手摇纺车出现于战国时期，主要由一个大绳轮和一个小圆锭组成。工作时，大绳轮通过皮带或绳索带动小圆锭快速转动，使线麻或纱等自动加捻。

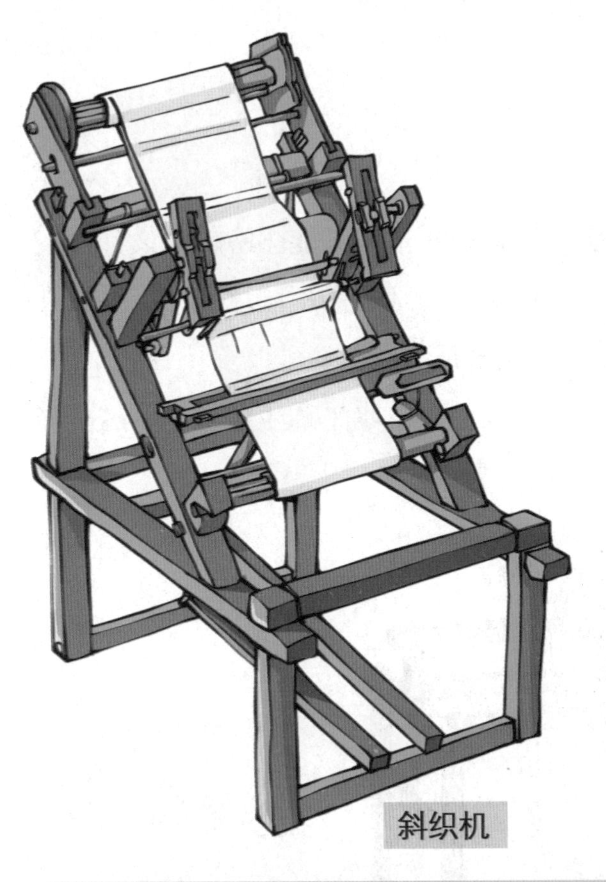
斜织机

中国古代丝绸以精致华美、绚丽多彩著称。公元前5世纪左右，出现了现代织布机的始祖——踏板斜织机。它采用提综的开口装置，织工使用时能够腾出双手用于投梭，大大提高了织造效率。

据推测，斜织机在公元前5世纪已经出现，但其真正的模样却只能在东汉时期的文物中见到。这种机械因织造面料的经面与水平机座形成50°—60°的夹角，故称斜织机。这种机械适合织造平纹织物。

春秋战国大量使用的织造机械还有手摇缫丝机。缫丝是加工蚕丝的技术。将一粒蚕茧泡在热水中，可以抽成一根长800—1000米的蚕丝，将若干根蚕丝同时抽出并利用丝胶粘在一起，就是缫丝。

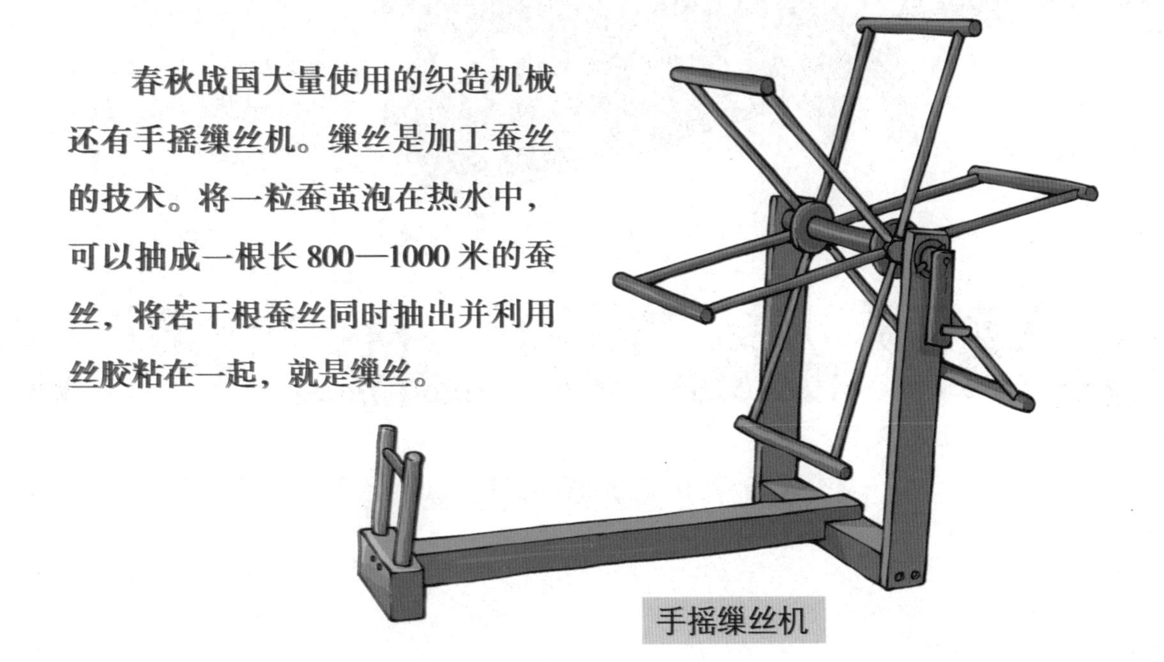
手摇缫丝机

战国时期，还出现了一种综版式提花织机。织工能够将提前设计好的图案储存在一个综版里，织造时，将预先穿入综片的不同色彩的经线压在一根纬线上，通过纬纬相加，在织物上组合成完整图案。

提花织机的出现大大提高了战国织锦的技术水平和生产效率，这一时期织锦纹样的复杂程度有了前所未有的提高。

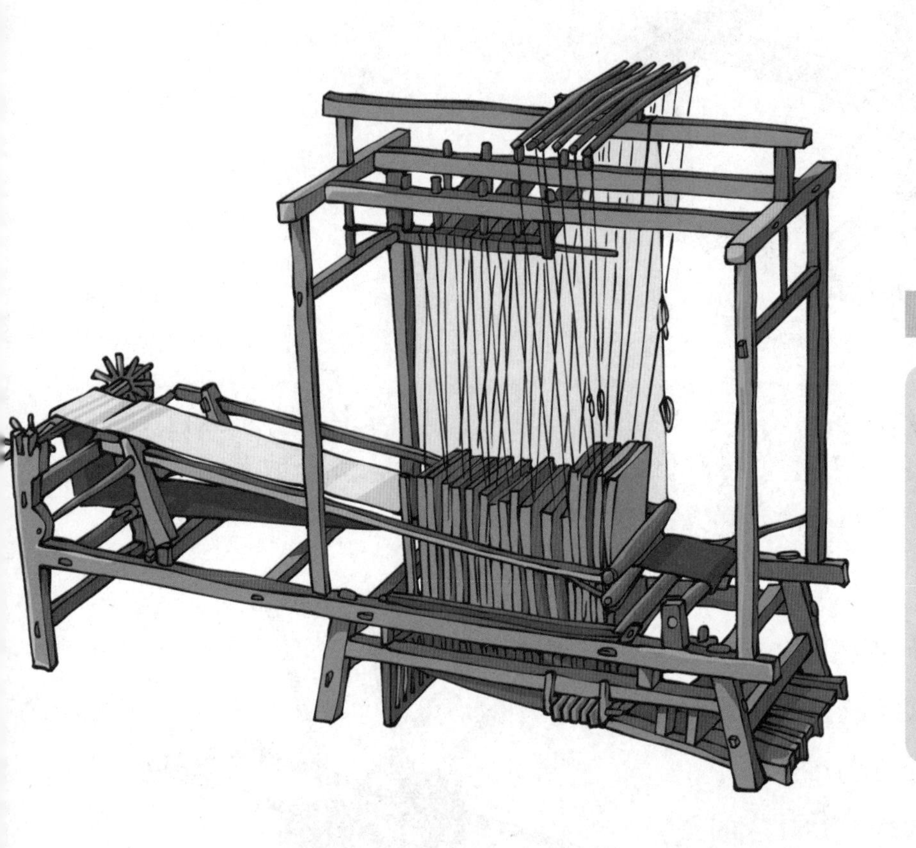

多综多蹑提花机

战国多综提花机的出现，奠定了此后数百年以多综多蹑为主流的提花技术，这种技术最适合织造花纹循环较小的织物。

湖北江陵马山一号楚墓出土的战国织锦纹样

春秋战国时，人们使用的面料主要是葛麻布和苎麻布。葛是藤本植物，它的韧皮纤维很坚硬，古人们会煮葛使其脱胶，再将纤维纺成线，制成葛衣。葛布比较轻薄，用它做成的服装一般是内衣或夏装。

苎麻的茎秆剥皮之后，可以用来制作麻绳或纺成麻布，是我国最早使用的纺织原材料之一。在浙江吴兴新石器时代遗址中，考古学家便发现了用苎麻织成的平纹细布。春秋战国时期，大部分百姓穿着的衣物都是用麻布制成，所以当时的人们也称百姓为"布衣"。春秋时期的人们发明了用碱处理麻纤维的方法，可以除去麻纤维的胶质和色素等杂质，使织造出的麻布精细、洁白、柔软。

小知识

贵族的服装会大量使用丝和葛布等高级面料。由于葛生长得慢，只能供得起王室贵胄，所以快速生长的苎麻成为大众最实用的布料来源。

春秋早期贵族服装

1982年，湖北江陵马山一号楚墓出土了大量战国纺织品，为我们研究战国时期的纺织技术、服饰文化提供了大量实物证据。这些纺织品中包含了绢、纱、罗绮、锦、绣等几乎所有丝绸织造品种类。

湖北江陵马山一号楚墓出土的绢面绵袍

这件凤鸟花卉纹绣浅黄绢面绵袍深衣以绢为地，布满刺绣、工艺高超，纹饰繁复。

战国贵族女子服装复原

战国时期，贵族男女流行穿着上下连属的袍服，人们参考马山一号楚墓出土的服饰文物，复原出战国贵族女子装束。这位女子手里拿的形似菜刀的物品，是用竹子制作的单边竹扇，叫作竹便面，也是参考同墓出土的文物复原制作的。

湖北江陵马山一号楚墓出土的龙凤虎纹绣罗

绣品多以素绢（没有花纹的平纹丝织物）为地，绣线色彩丰富，绣纹舒展活泼，单位纹样无论高度、宽度都远大于织纹。这件龙凤虎纹绣罗单衣上的刺绣图案展现了凤凰和龙、虎相斗的画面，艳丽华美，充满力量。

从马山一号墓的发现来看，当时的楚国很可能已经掌握了各种织造方法。这些丝织品不仅制作精细，图案设计也艳丽华美，让我们看到了战国时期高超的纺织技艺水平。

古人也喜欢“高楼大厦”

春秋战国时期，各诸侯国为了显示自己的实力，不惜人力物力精心打造自己的都城。这时城市大多由大、小两城组成。大城称郭，是居民区，其内为封闭的闾里和集市；小城称宫城，建有大量的台榭。

战国七雄的都城都很大，比如齐国的临淄——大城南北长约 5 千米，东西宽约 4 千米，城内居民达到了 7 万户。

战国时的宫殿大多设在夯土高台上。高台宫殿本来具有防御刺客和洪水的作用，后来逐渐演变成了权力的象征。诸侯们为了享乐和攀比，越来越追求宫室的华丽，极尽豪华奢侈。当时砖和瓦的使用已经普及，在屋檐处的斗拱也已出现，中国古典建筑特有的美感形式已经初步成形。

小知识

高台建筑又称台榭建筑，“台”是地面上的夯土高墩，“榭”是搭建在台上的木构房子。台榭可以作为敞厅，供宾客眺望远方、设宴餐饮，还具有防潮、防洪水的作用。

战国时期的高台建筑

春秋时期的蟠螭纹建筑构件

此构件出土于陕西凤翔县城南秦故都雍城遗址，是安装在宫殿壁柱、壁带及门窗两木交接处的砖。砖上饰满蟠螭纹，具有装饰作用。

战国饕餮纹半瓦当

瓦当，是指古代中国建筑中覆盖建筑檐头筒瓦前端的遮挡。战国瓦当一般呈半圆形，上面有印模印的装饰花纹，主要有涡状纹、对鸟兽纹、树木纹、几何纹、饕餮纹等。这块半瓦当出土于河北易县燕下都遗址。

春秋战国时期的柱、梁上常设一种叫作釭（gāng）的构件。釭的原始用途是连接、加固木构件，周代时由于榫卯技术不成熟，所以木材料的节点上必须加釭进行加固。但随着春秋战国建筑技术的进步，釭已经不再是必需物，从而演变成了一种装饰物。

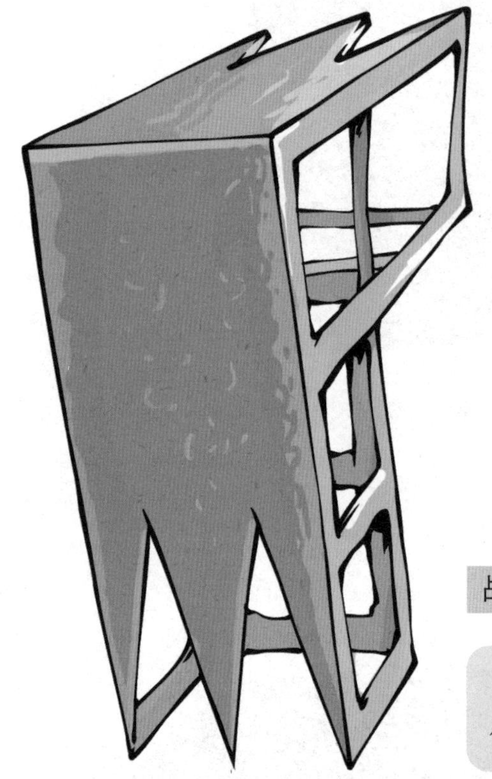

战国蟠虺（huǐ）纹曲尺形铜建筑构件

它是目前发现的最早的铜建筑构件。釭上雕有花纹，能起到装饰作用。

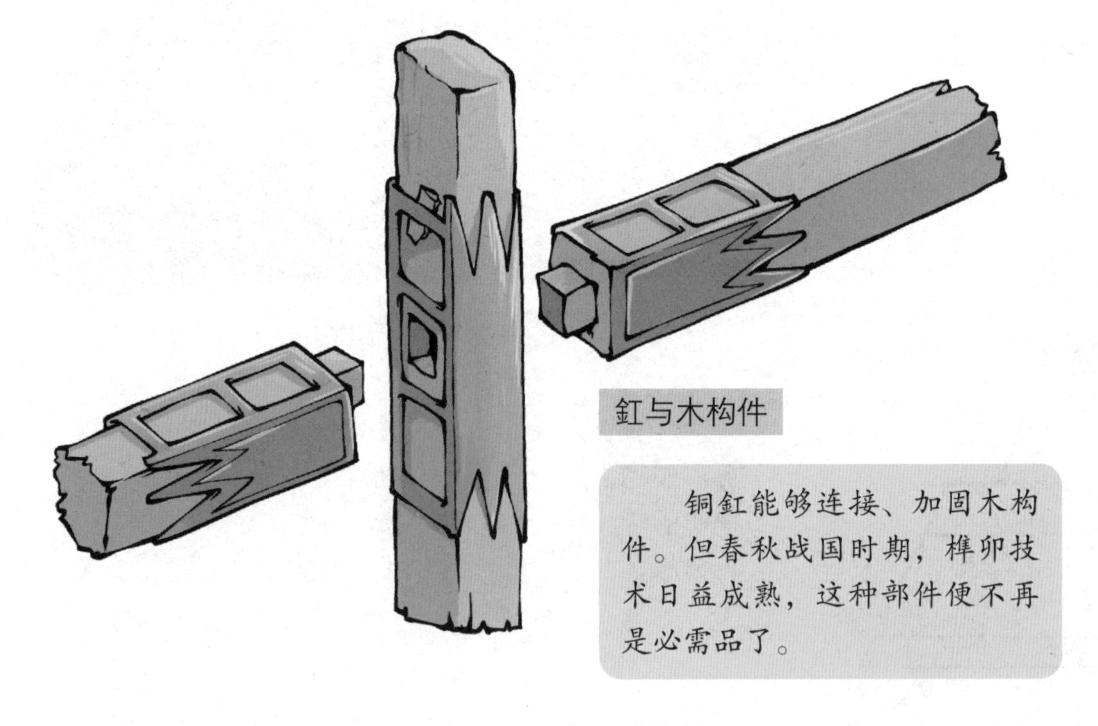

釭与木构件

铜釭能够连接、加固木构件。但春秋战国时期，榫卯技术日益成熟，这种部件便不再是必需品了。

战国晚期已经出现了陶制的栏杆和排水管。排水管道大小不一，能起到很好的泄洪作用，同时方便排出生活污水，保证居所和宫殿的清洁。可见当时的城市建筑理念已经十分先进。

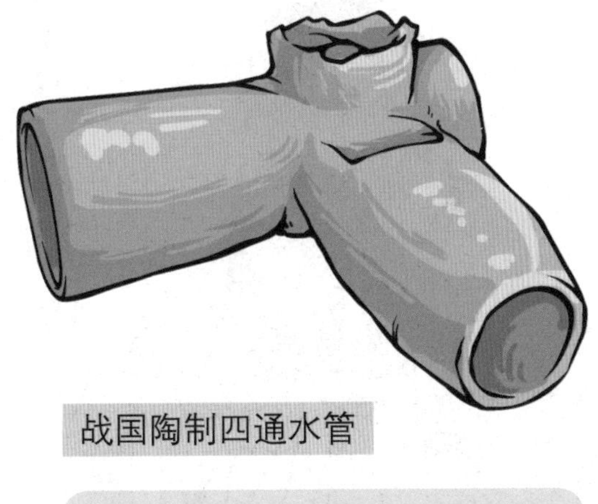

战国陶制四通水管

四通能与直水管连接，能够组成复杂的排水网络。此段陶制四通水管出土于河南登封阳城遗址。

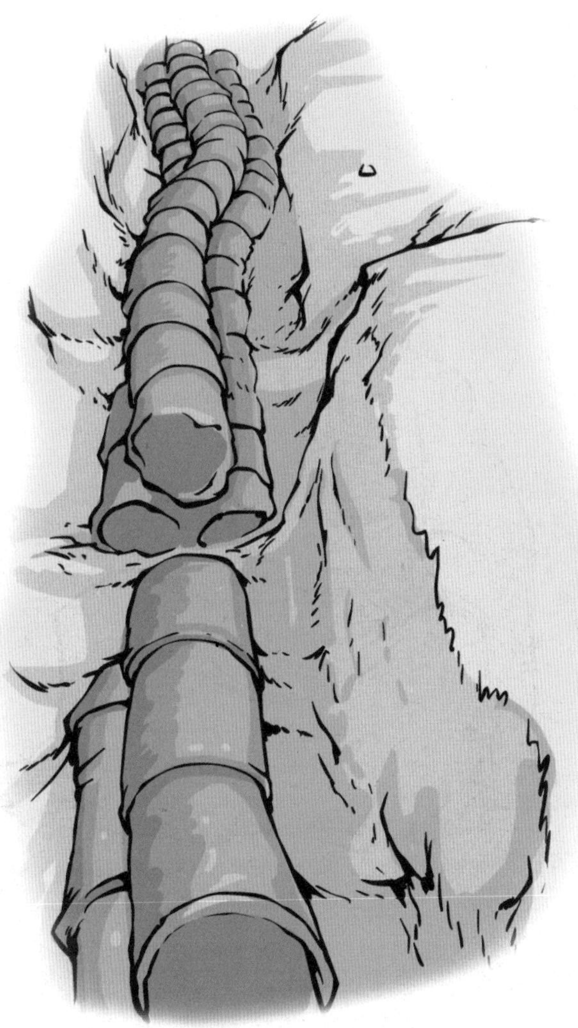

战国下水道

这段古代下水道出土于西安市西郊西宝疏导路，虽然管内已被泥土填满，但保存较为完好。专家考证后推测其修建于战国末期。

百家争鸣与竹简的使用

战国时期，旧的社会体制逐渐瓦解，社会上诞生了各种新流派的学术思想。各方诸侯为了取得霸主地位，竞相招贤纳士，这给了学者们实践自己治国理论的机会，一度出现了各学术流派“百家争鸣”的局面。这一时期出现的儒家思想、道家思想、兵家思想，对后来的社会发展产生了深远的影响。

孔子和儒家思想

孔子生活在春秋末期，是伟大的思想家、教育家，儒家学说的代表人物。他注重教育，推崇和平、仁义，由他创立的儒家思想对中国的哲学、文化产生了深远的影响。

老子和道家思想

老子是春秋时期思想家，道家学派的创始人，与庄子并称“老庄”。在政治上，老子主张无为而治、不言之教。

孙武和《孙子兵法》

兵家也是诸子百家中比较活跃的一个派别。兵家的创始人是春秋末期的孙武，他曾率领吴国军队大败楚国军队，让当时强大的楚国几近覆灭。他的《孙子兵法》一书，奠定了我国古代军事理论的基础。

战国时期，由于战争持续不断，军事理论有了很大的发展，研究军事的兵家著述丰硕，如吴起、孙膑等都有兵法著作。孙膑不仅继承了其前辈孙武的军事理论，而且有创造性的发展，提出了灵活多变的战略战术思想。

商鞅和法家思想

商鞅是战国时法家思想的代表人物。商鞅身处的时代，社会秩序崩坏得更严重了，于是商鞅主张以法治国、重农抑商。这里的“法”不是现代的法律，而是根据当时社会情况制定的严苛法规。商鞅根据自己的理念，推动了秦国的变法，使秦国成了强大、富裕的国家。

在这个学术思想空前繁荣的时期，这些学术思想被记录下来、传播出去，离不开竹简的功劳。竹简用竹片制成，每片写一行字，再将一篇文章的所有竹片串联起来，这是我国古代最早的书籍形式。如果没有竹简这种载体，包括孔子在内的各家学说就无法流传给后世。

工匠在制作竹简

竹简是我国历史上使用时间最长的书籍形式，是造纸术发明之前，乃至纸普及之前主要的书写工具。它第一次把文字从社会贵族的小圈子里解放出来，让知识借助文字的形式进入了广大社会阶层。可以说，竹简对古代中国文化的传播起到了至关重要的作用。

早期的竹简文字，多半是商周时期的铭文，和各国民间使用的文字有一些差异。随着春秋战国政治、文化和经济的发展，各种文字也开始互相影响、融合，这为秦代实行“书同文”政策打下了基础。

小知识

古人在制作竹简时，选择上等的青竹削成长方形的竹片，之后用火烘烤这些竹片。一方面是因为干燥的竹片便于书写，另一方面也可防止虫蛀。烘烤的时候，本来新鲜湿润的青竹片会被烤得冒出水珠，看上去就像出汗一样。因此人们称这道烘烤青竹的工序叫“汗青”。后来，“汗青”成为书册、史册的代称，被人们用于诗词中，如“留取丹心照汗青”。

小剧场：观测星星很重要

嘿哟。
哇！这是什么啊？可以转！
这个不是玩具……

还好是复制品，不过这到底是什么东西啊？
3D星空互动空间

看看我们头上是什么呢？
是星星！

没错，古代人就是用这种仪器来观测天体，这就是我国最早的天文观测仪——浑仪！

通过这些铁环上的刻度，可以记录下天上星星的位置！

老师讲过，我们的祖先很重视观测星星，尤其重视北极星！

没错，古人把北极星叫北辰，或者紫微星。

古人通过观测星星来制定历法，天文和农业也是息息相关哦。

丰富的天文观测记录

中华民族的先民很注重观测天象，历朝历代都设有专职观察、记录天象的官员，朝代不同，官名也不同，有太史令、司天监、钦天监等。我国因此累积了一套极为详尽、系统的天文观测记录。

在《诗经·小雅》中，就出现了发生在西周时期的月食记录，这是中国最早的关于月食的记录。

《诗经》中的月食

《诗经·小雅》中写道“彼月而食，则维其常”，记录了月偏食的场面。

关于流星雨的记录

在春秋时期，古人还记录了天琴座流星雨暴发的盛况：“鲁庄公七年夏四月辛卯夜，恒星不见，夜中星陨如雨。”鲁庄公七年是公元前687年。这是世界上关于天琴座流星雨的最早记录。

在《春秋》中，还出现了关于哈雷彗星的最早记录：鲁文公十四年（公元前613年）“秋七月，有星孛入于北斗”。这个“孛”就是彗星的意思。中国古代对彗星的观察非常细致，会根据彗星出现的方位和形状对其进行不同的命名。《开元占经》中记录的彗星形状就有“孛（bèi）”“拂”“扫”“慧”四种。

彗星的结构

肉眼可见的彗星通常由彗核、彗发和彗尾三部分构成，彗核和彗发合称为彗头。彗星按照自己的轨道运行，当它离太阳远的时候，它的彗核暗而冷；当彗星接近太阳时，在太阳的作用下彗头会喷出物质，形成彗尾。西汉早期汉墓马王堆出土的汉代帛书说明，当时的人们已经注意到了彗星的结构层次。

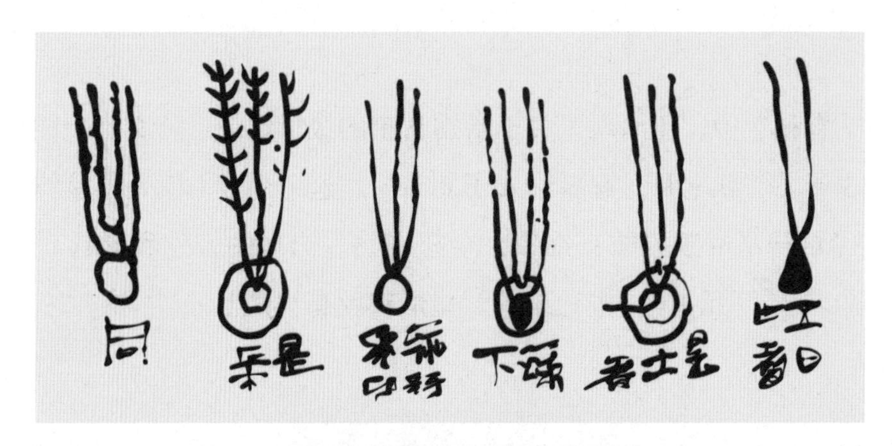

马王堆帛书上的彗星图

在马王堆出土的《天文气象杂占》描绘了 29 幅彗星图。

能够进行如此翔实、准确的天文观测，说明春秋战国时期已经出现了相应的天文仪器。目前我们所知道的最早的天文仪器浑仪大致就是出现在公元前 4 世纪。

早期的浑仪结构比较简单，它只有几个刻有周天度数的圆环与一个望筒，观测者可以一边观测天体，一边记录下坐标。后世的天文学家又不断增加浑仪的功能，由于其圆环过于复杂，到了宋、元时期，沈括、郭守敬等科学家陆续简化了浑仪的结构。

汉代以后的浑仪

古人记录下了大量天体运动轨迹和数据，并根据这些数据，建立了一套独特的星象解读理论和占星系统。例如，古人以北极星为中心，将夜空分成紫微垣、太微垣和天市垣三个区域，再将天上的恒星分成若干组，整理出了 28 颗重要的恒星定为“二十八宿”，把三垣和二十八宿与地球上的事物联系起来，根据星宿的运动对军事战争、农业收成等国家大事进行预测。

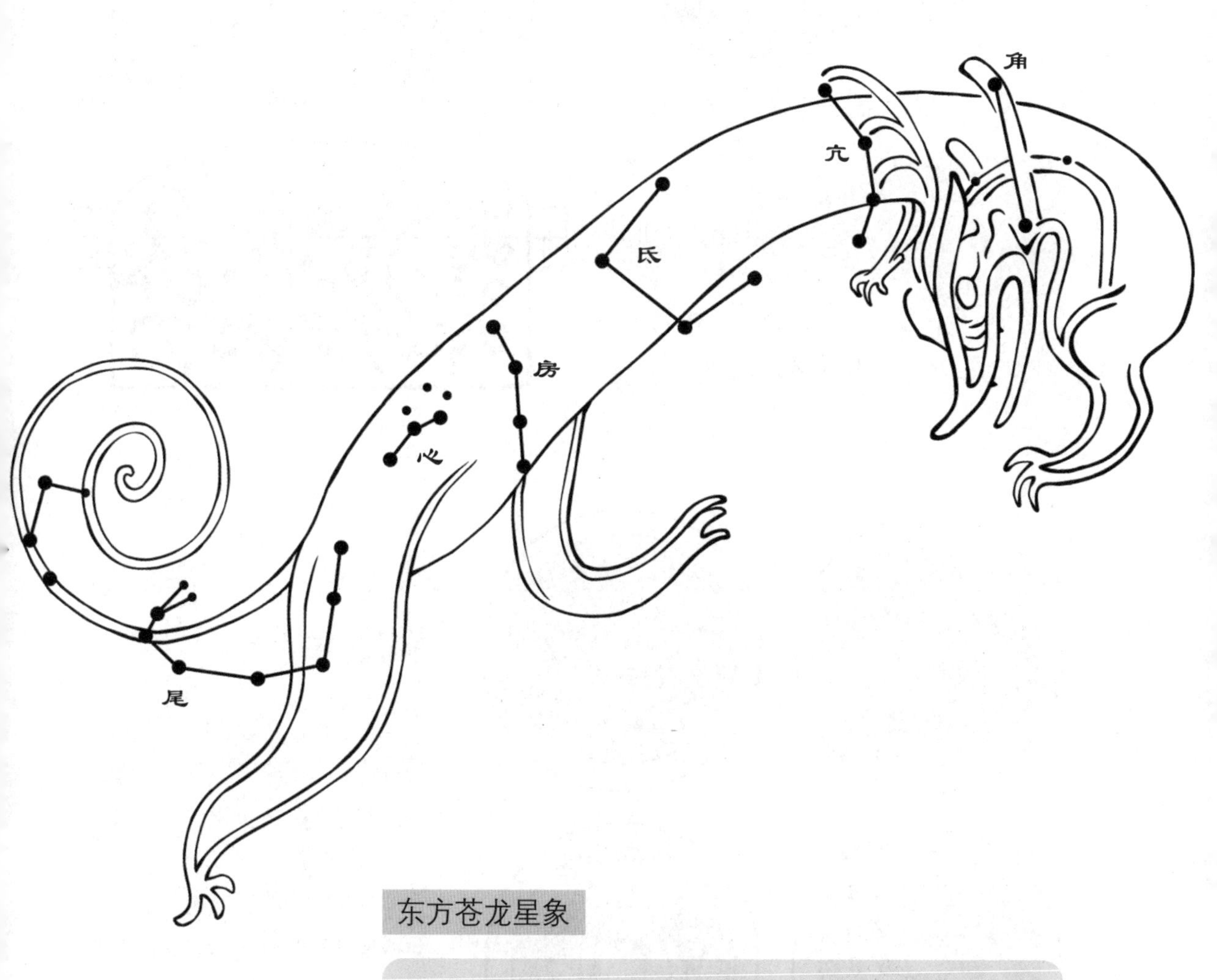

东方苍龙星象

古人将二十八宿平分到东南西北四个区域，并将这些星宿分布的位置与神话动物联系起来，创造出了东方苍龙、北方玄武、西方白虎、南方朱雀的形象。“四神”的形象最晚在战国时已经确立。

曾侯乙墓漆箱盖上的二十八星宿图

漆箱箱盖正中有一个“斗”字，与青龙、白虎两幅巨画。“斗”字表示北斗星，环绕“斗”字，写有二十八星宿名称。这是迄今所见最早的二十八宿天文图。

西汉四神瓦当

根据星象观测而产生的“四神”文化，对建筑、美术、哲学、环境学等多个领域产生了深远的影响，在汉长城遗址出土的西汉四神瓦当，绘有生动精美的“四神”形象。

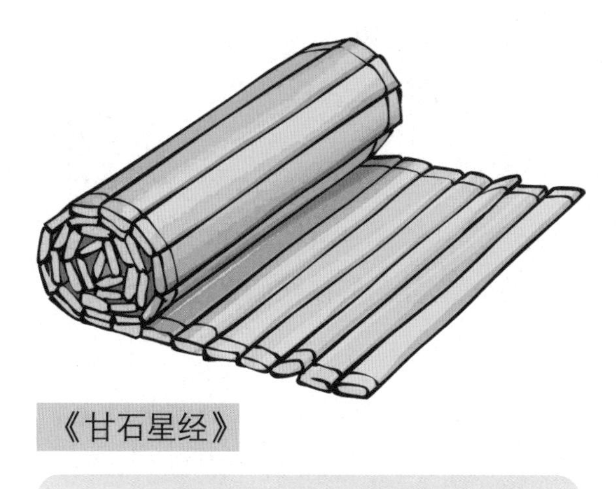

《甘石星经》

《甘石星经》原文已经遗失，但后世的天文书中有大量引用内容。

战国时，齐国人甘德和魏国人石申分别写下了《天文星占》8卷和《天文》8卷。人们把这两套书编在一起，合称《甘石星经》。这套书详细记载了太阳系五大行星的运行情况，以及120多颗恒星的名称、特点。这些行星的记载比古希腊的喜帕恰斯星表早了近两个世纪。

《天文》的作者石申确定了二十八宿各宿的距星，并以恒星的“去极度”（即赤纬的余角）和“入宿度”（即赤经差）来表示其位置，这表明战国时已经建立起了赤道坐标体系。

《天文星占》的作者甘德在观察木星时记录到“若有小赤星附于其侧”，这是世界上最早的关于木卫三的记载，比伽利略早了2000年。

木星及其卫星

二十四节气的确立

大量的天文观测留给中华民族的另一项财富，就是确定了二十四节气和先进的历法。

中国的历法最初是依据北斗七星的循环旋转制定的：斗柄顺时针旋转一圈为一周期，谓之一“岁”。后来人们又根据观察太阳在回归黄道上的位置，定下了“二分二至”，即春分、秋分、夏至、冬至。“二分”是太阳直射在赤道上；“二至”则是太阳直射在北回归线和南回归线上。在此基础上，古人进一步将“四气”长度平分，创立了“四节”，即立春、立夏、立秋、立冬。这就是最早的“节气”体系——“四气和四节”。这套体系最晚至战国时已经确立。

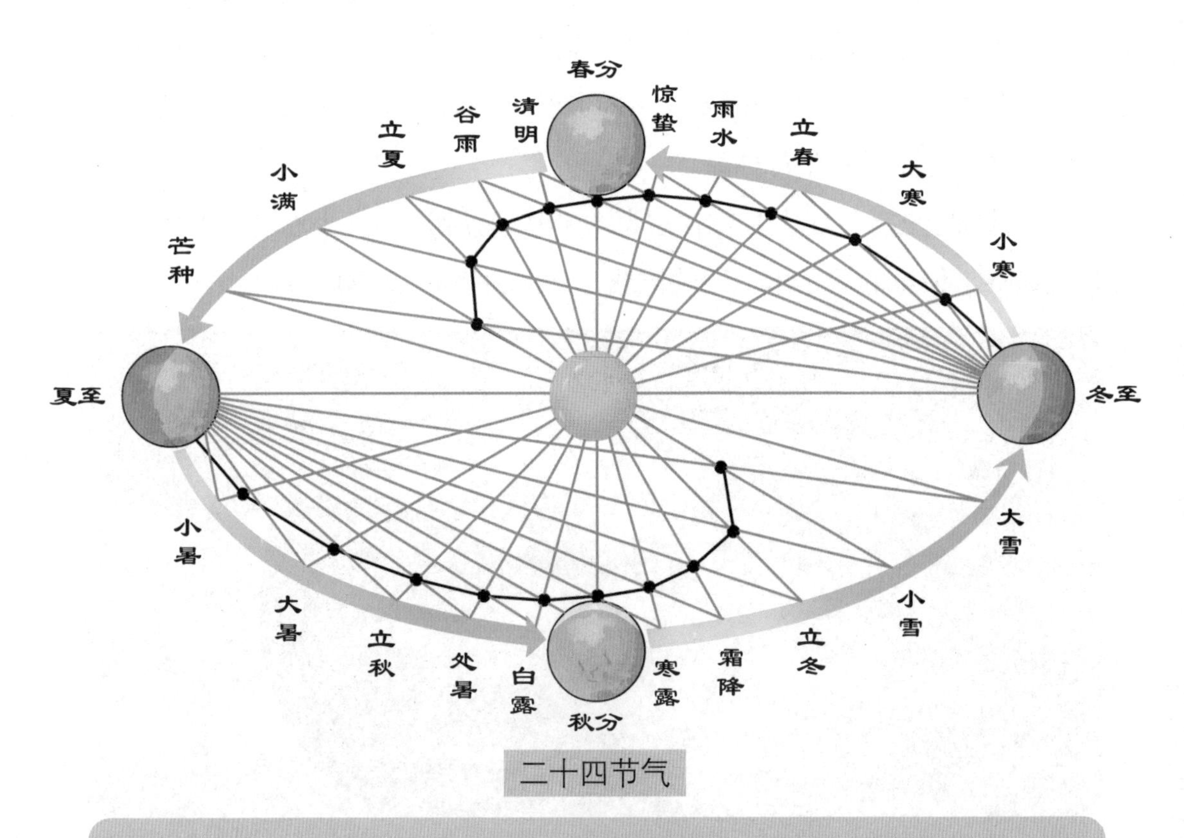

二十四节气

战国后期成书的《吕氏春秋》“十二月纪”中，就有了立春、春分、立夏、夏至、立秋、秋分、立冬、冬至8个节气的名称。这8个节气是二十四节气的雏形。西汉时，人们在这8个节气的基础上再次完善了节气体系。

夏至致日图

用“立表测影”来观测太阳位置的做法历史非常悠久，考古专家曾在古墓葬中发现了以人的大腿骨作为“测影之表”的痕迹。

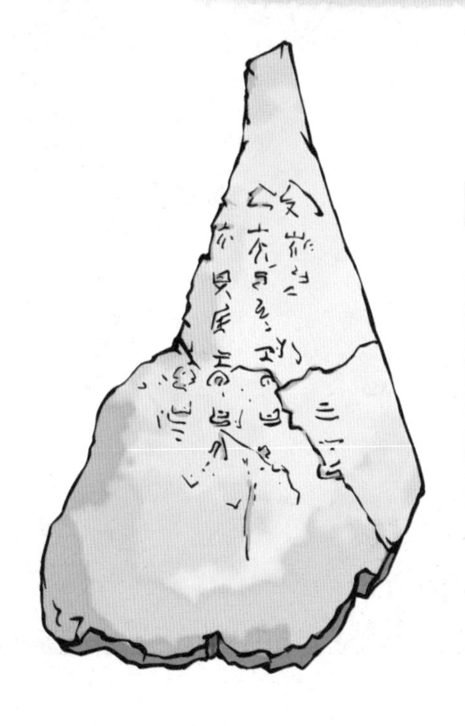

记载有“四方风”的甲骨

中国国家图书馆藏有一片牛甲骨，上面的甲骨文有“四方风”的记录，反映了“二分二至”，即春分、秋分、夏至、冬至四个节气及不同时节的风的命名。

小剧场：古人也要学数学

咦？我又发现了奇怪的东西。
这有什么奇怪的？这是筷子啊！
复制品

哈哈，你们肯定猜不到这是什么！

难道这些不是筷子？

这是古代的计算器啊！

我知道了！古人做加减法的时候，得用这种东西计数！

不不，这些“签子”叫作算筹，它们能做的事情可多了。
那到底怎么用？

1 2 3 4 5 6 7 8 9
横式
纵式
算筹是进行多位数字计算的，个位用纵式，十位用横式，百位用纵式……

哎呀，好复杂啊！
在古代，算筹是非常实用的计算工具。

算筹与数学计算

《老子》中曾记载：“善计者不用筹策”，这里的“筹”和“策”是一种辅助计算的竹签。1954 年，考古专家在湖南长沙一座战国楚墓中发现了 40 根长约 12 厘米的竹棍，根据考证，这就是算筹。

竹算筹

春秋至秦汉的算筹较简陋，一般是竹或木制。唐宋的算筹日渐精致，甚至出现了象牙算筹。

利用算筹辅助运算

古人将大约 270 枚算筹合为一束，放在一个布袋里，系在腰部随身携带。需要计数和计算的时候，就把它们取出来运算。

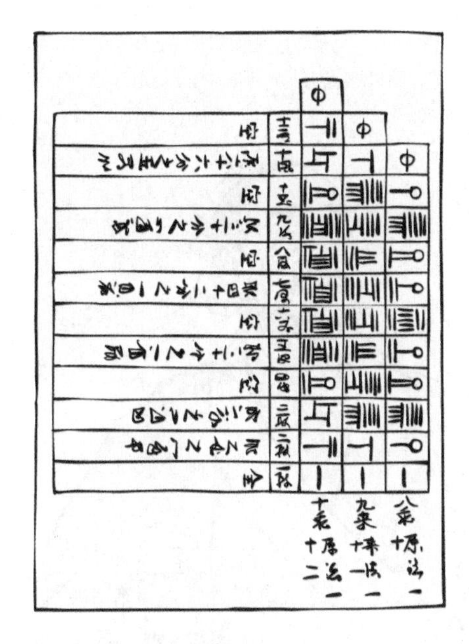

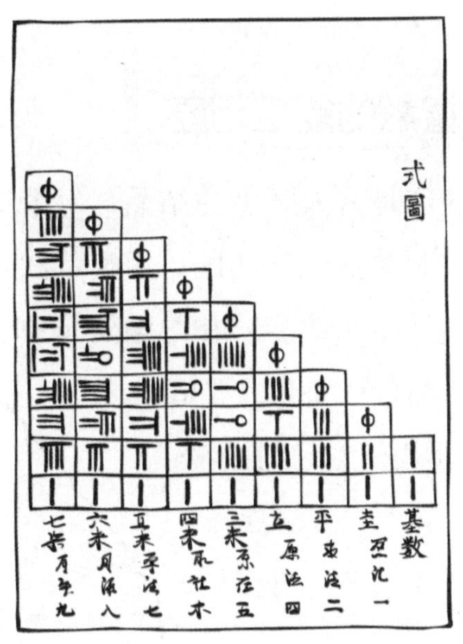

算筹的计算原理

在算筹计数法中，以纵横两种排列方式来表示单位数，采用了十进位值制方法。其中 1—5 以纵横方式排列相应数目的算筹来表示，6—9 则以上面的算筹再加下面的算筹来表示。

在不少先秦古籍中都有乘法口诀和举例，说明战国时数学运算已经十分发达。春秋战国时，政府征收赋税，工匠制作器物，都需要使用算数。在战国初年的《法经》中，举了一个农夫一家五口的收支情况的例子，其中的计算就使用了加、减、乘等运算方法。

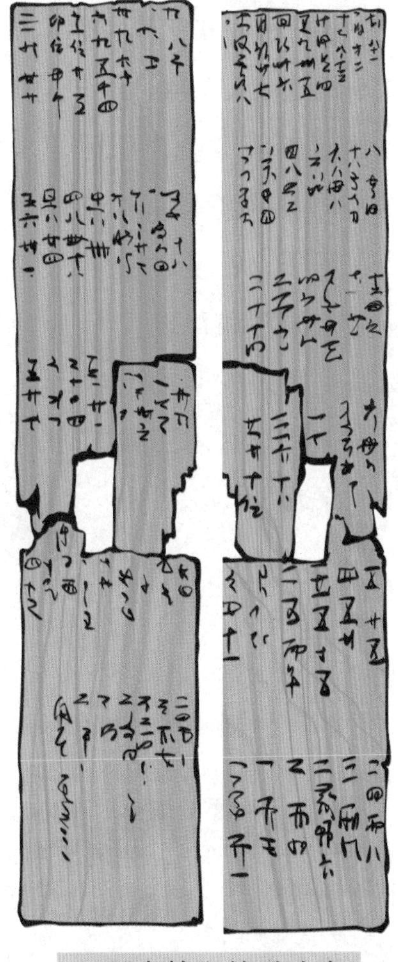

里耶秦简上的乘法表

智慧的能工巧匠

科技的进步是古人智慧的结晶，每个历史阶段都有数不清的能工巧匠，用智慧和双手为人们的生活带来改变。在中国建筑史、机械史上大名鼎鼎的鲁班，是春秋末期的工匠和发明家。鲁班姓公输，名般，又称公输子、公输盘。因他是鲁国人，古时“般”和“班”可通用，所以人们常称他鲁班。

鲁班出身于工匠家庭，从小跟随家人参加过许多土木建筑工程劳动，积累了丰富的实践经验。传说斧头、锯子、锥子、凿子、刨子、墨斗和鲁班尺等工具都是鲁班发明的，对此后的工程学、木工技艺产生了深远的影响。

鲁班像

鲁班被尊为“木工的祖师爷”，我国流传着不少鲁班对建筑及木工等行业贡献的传说，他的名字已经成为我国古代劳动人民智慧的象征。

相传有一次鲁班进深山砍树木时，一不小心摔了一跤，手被一种野草的叶子划破了，渗出血来，他摘下叶片轻轻一摸，发现叶子两边有着锋利的齿，他由此获得灵感，使用铁片模仿这种锯齿，制作出了锯。

另外，鲁班还发明了曲尺、墨斗、刨等工具。每一件工具的发明，都是鲁班在日常生活和实践中得到启发，经过反复研究、试验，制作出来的。这些工具的发明，减轻了人们的劳作负担，提高了劳动效率。

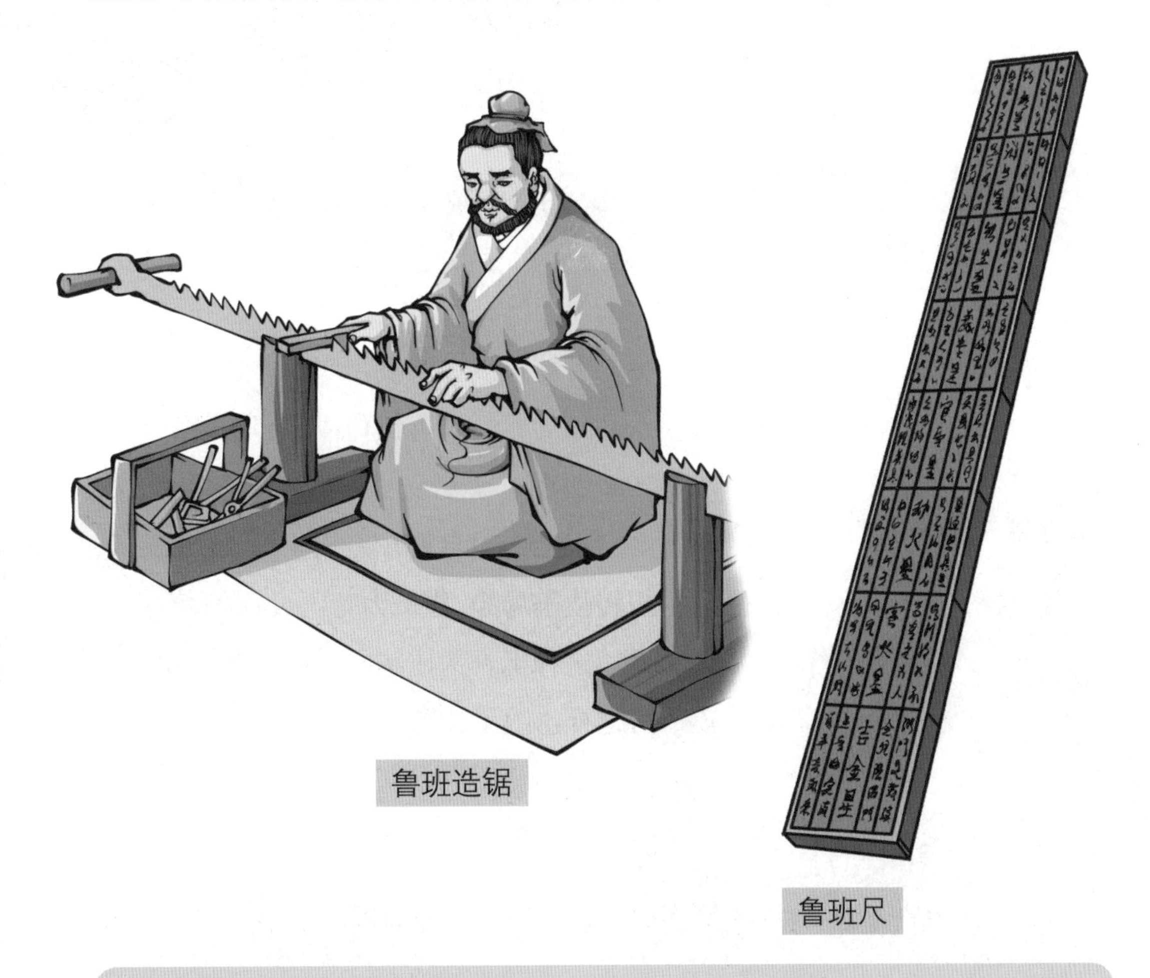

鲁班造锯

鲁班尺

鲁班尺是我国古代使用广泛的建筑工具，类似于现在木工所用的曲尺，主要用来测量房屋门户和家具的尺寸。

鲁班生活在春秋末期和战国初期，这期间社会上战争不断，所以鲁班也曾受到委托，设计了一些大型作战器械。其中最有名的是云梯，这是一种可以移动、升降的大型机械，能够把士兵运送到高空，让他们轻松地翻上敌人的城墙。

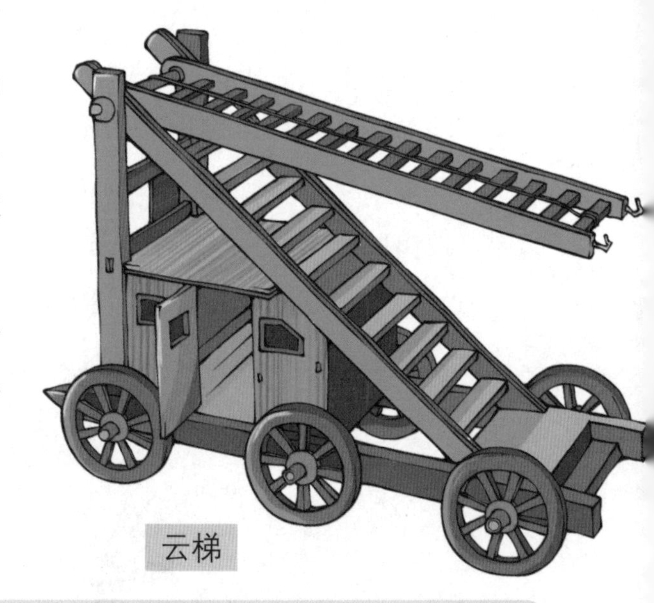

云梯

《墨子·公输》《战国策》中都曾记载鲁班为楚国设计云梯，帮助楚国攻打宋国的故事。

另一种鲁班设计的武器叫作“钩拒”，是古代水战用的兵器，可钩住或阻碍敌方战船。《墨子·鲁问》中就曾记载，楚国和越国水战，越国人在水上进退自如，占据了极大的优势。为了扭转战争局势，鲁班为楚国设计了“钩拒”，让士兵用这种工具钩住越国人的战船并发动强攻，就这样击败了越国。

钩拒

钩拒为铁制，柄为木制。士兵持这种武器，可以钩住敌人的船，使其不能离开，或刺向敌人的船，使其不能靠近。

不断发明改进的农业机械

春秋战国时期，随着铁犁牛耕的使用和推广，井田制(公田)逐渐被封建土地私有制所取代，并最终通过各国变法确立了下来。劳动者拥有一定的土地、农具和耕畜等生产资料，产生了更多的劳动积极性，生产力的发展又使劳动者有能力独立进行生产活动，这样，以一家一户为单位的小农经济逐步形成。

在春秋至西汉这一时期，随着农业技术的发展，民间出现了不少新的农业机械、灌溉机械，例如扇车、耧车、桔槔（gāo）等，许多机械直到今天还在使用。

桔槔

桔槔是一种提水工具，始于商代，在春秋时期已经普遍使用。它巧妙地利用了杠杆原理，能轻松把水桶提拉起来，大大减轻了农民的劳动强度，提高了灌溉效率。

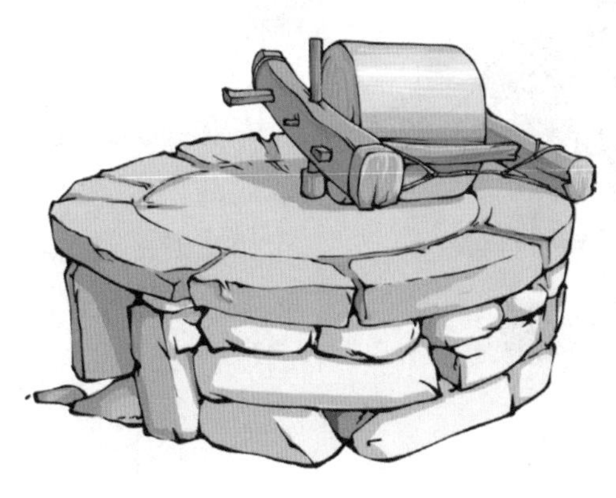

石碾

石碾是一种可以把粮食、油料作物、瓷土、纸浆脱皮或粉碎的机械，最晚出现于汉代。

戽(hù)斗

戽斗是一种小型人力提水灌溉工具，在周代初期已经出现，但至宋代才得到广泛应用。戽斗可用竹篾、藤条等材料编制，也可采用木制，其形状如斗，两边有绳，使用时两人面对面站立，双手分别抓住两个绳头，拉绳牵斗完成取水、倒水的工作。

石磨

石磨是中国古代重要的粮食细加工工具。据文献记载，战国时已经出现了圆转磨，最初由人力推动，后来出现了大型石磨，用牲畜推动。

辘轳

辘轳是一种提水设施，早在周代已经出现，至春秋时期，辘轳的使用已很普遍。

后记

华夏五千年的历史源远流长，各种重要的科技成就层出不穷，为人类文明的发展作出了不可磨灭的卓越贡献，这是我们每一位中国人的骄傲。不过，我国虽然历来有著史的传统，但对专门的科技发展史却着墨不多。近现代，英国科技史专家李约瑟所著的《中国科学技术史》是一部有影响力的学术著作，书中有着这样的盛赞："中国文明在科学技术史上曾起过从来没有被认识到的巨大作用。"

不过，像《中国科学技术史》这样的科技史学著作篇幅浩瀚，囊括数学、天文、地理、生物等各个领域。如何把宏大的科技史用浅显的语言讲述给孩子们，是我一直思考的问题。让儿童也了解我国的科技史，进而对科技产生兴趣，对华夏文明产生强烈的自豪感，那真是意义非凡。

经过长时间的积累和创作，这套专门给少年儿童阅读的中国科技史——《科技史里看中国》诞生了。希望这套书的问世能填补青少年科技史类读物的空白。这套书图文并茂，故事性强，符合儿童的心理特点，以朝代为线索将科技史串联起来，有利于孩子了解历史进程。

希望《科技史里看中国》能够带孩子们纵览科技史，从历史中汲取智慧和力量，提升孩子们的创造力和科学素养。